家庭小菜园

〔日〕藤田智 著 李卉 译

零失败菜园果蔬栽种指南

人民邮电出版社

北京

图书在版编目（CIP）数据

家庭小菜园：零失败菜园果蔬栽种指南 ／（日）藤
田智著；李卉译. -- 北京：人民邮电出版社，2022.11
ISBN 978-7-115-58704-6

Ⅰ．①家… Ⅱ．①藤… ②李… Ⅲ．①蔬菜园艺－指
南 Ⅳ．①S63-62

中国版本图书馆CIP数据核字（2022）第027939号

照片摄影：天野宪仁（日本文艺社）　田中麻以
照片提供：阪田种子公司
摄影协助：惠泉女学园大学
　　　　　小甲亚寿香　宫地萌
插　图：玉城聪
编辑协助：和田土朗　大泽雄一　文研联合公司

内 容 提 要

本书是一本讲解根据不同土壤、不同时节种植不同果蔬的栽培教程。

全书共两个部分。第一部分讲解了果蔬的基础栽培知识，第二部分讲解了蔬菜类、水果类、豆类、芽菜类、根菜类、叶菜类和香草类等7种不同果蔬的栽培方法。本书配有栽培日历和术语说明，通过清晰的图解步骤和表格，帮助读者了解土壤，了解果蔬，快速掌握种植技巧。

本书适合园艺爱好者和相关从业者阅读。

◆ 著　　　　[日] 藤田智
　　译　　　　李　卉
　　责任编辑　王　铁
　　责任印制　周昇亮
◆ 人民邮电出版社出版发行　　北京市丰台区成寿寺路 11 号
　　邮编　100164　电子邮件　315@ptpress.com.cn
　　网址　https://www.ptpress.com.cn
　　涿州市京南印刷厂印刷
◆ 开本：787×1092　1/20
　　印张：12.6　　　　　　2022 年 11 月第 1 版
　　字数：403 千字　　　　2022 年 11 月河北第 1 次印刷
　　著作权合同登记号　图字：01-2019-7587 号

定价：99.00 元
读者服务热线：(010)81055296　印装质量热线：(010)81055316
反盗版热线：(010)81055315
广告经营许可证：京东市监广登字 20170147 号

前 言

现在越来越多的人想要尝试自己栽培果蔬。

家里如果有小孩子，自己栽培果蔬正好可以给孩子提供一个良好的饮食教育；如果平常不怎么运动，田间劳动能够让人畅快淋漓地出一身汗。有一些夫妇想通过栽培果蔬找到属于两个人的乐趣。当然，也有一些人选择自己栽培果蔬是为了吃得放心。

我在大学里教学生们"栽培蔬菜的初心"，同时也在指导社会上的一些人打造他们的家庭菜园。每一个想要自己栽培果蔬的人的目的都是不同的，但他们做农活时的表情却都是清一色地乐在其中。栽培果蔬不仅能够享受到看着自己栽培的果蔬日渐成长的乐趣，还能够体会到活动身体和季节变化的乐趣，等等。当然，亲手收获及品尝自己栽培的果蔬时带来的乐趣，更是其他事情无法匹敌的。

我写本书就是希望让更多的人体验这样的乐趣与喜悦。本书主要介绍家庭菜园中的热门果蔬以及初学者也能轻松栽培成功的果蔬，还介绍了多种果蔬的栽培方法和栽培技巧，所涉及的果蔬种类广泛，讲解清晰易懂。

此外，本书还详细介绍了如何打造适合栽培果蔬的土壤、如何挑选肥料、如何采摘等基本操作，以及正式开始种菜前需要掌握的一些基础知识。

衷心希望本书能够为大家的亲手栽培果蔬之旅提供一些帮助。

藤田智

目 录

栽培果蔬的基础知识

田间栽培果蔬

栽培果蔬的基础知识

正式开始栽培前需要掌握的基础知识

确认田地土壤的情况

首先要确认一下田地土壤的情况。了解土层的深度、土壤的性质、排水透气性、酸碱度等土壤信息，是打造适合蔬菜生长的土壤的重要前提。

第一项检查：土层的深度

如果土质不够软，需要将根系深植土壤的蔬菜和薯类作物就无法茁壮成长。这时我们就需要用铁锹挖开田地正中的土壤，检查一下柔软的土层（作土层）有多深。挖通作土层后，会感觉到铁锹触碰到硬土层（耕盘层）。

从地表到耕盘层的土层深度有25~30cm才算合格。如果达不到这个深度，就需要向更深处锄一锄田地。

用铁锹挖掘柔软的土层，当挖到硬土层时，测量地表到硬土层的深度。

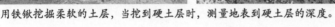

深度达到25cm以上方合格，不合格的需要在打造土壤时锄地增厚作土层。

第二项检查：土壤的性质

黏土的保水性强，但干燥后土壤就会变硬，不利于蔬菜的发芽和成长。沙质土的排水性强，但容易流失养分，也不利于蔬菜的栽培。

只有保水性和排水性都好的土壤才适合栽培蔬菜。

可以给田地浇水后握一握土壤，感受一下土壤的性质。如果用手指可以轻松搓开结块，这块田地的土壤就算合格。

浇水后紧紧握住土壤。

用手指可以轻松搓开结块，这块田地的土壤就算合格。结块无法搓开的就是黏土，无法结块的就是沙质土。

第三项检查：土壤的排水性

排水性差的土壤容易引起烂根，蔬菜容易枯死。

可以在降雨量为20~30mm时的次日检查土壤的情况。如果地面有积水，或是挖起来的土壤经过2~4天仍然黏黏糊糊的，这块田地的土壤的排水性就比较差。

这个问题可以通过施以堆肥后做好锄地工作，或起高垄解决。

雨天的次日仍然残留有积水的田地的土壤就是排水性不好的土壤。可以起高垄或多施堆肥等有机物质后做好锄地工作。

第四项检查：土壤的酸碱度

有的蔬菜对酸的耐受程度高，有的则低。

可以使用市面上可以买到的pH试纸检测一下土壤的酸碱度。在测试前，可以看一下田地里生长的野草。如果田地里长着茂盛的车前草、具芒碎米莎草、马唐草、酸模草、问荆草、鼠曲草等杂草，就可以知道这片土壤是偏酸性的。此外，如果栽培洋葱、菠菜、番茄、生菜等作物后生长情况不好，也可能是偏酸性的土壤导致的。

从深15cm左右的土层取土样（从多个地方取样可以保证测试结果更准确），加入2.5倍的蒸馏水后充分搅拌。

等待1~2分钟，待土壤沉淀后，将pH试纸浸入上半部分较清的水中。

将试纸呈现的颜色与比色卡对比，确定土壤酸碱度。

主要作物适合的pH值

性质	作物的种类	pH值
不耐酸 ↓ 耐酸	芦笋、牛蒡、洋葱、茄子、葱、菠菜	6.0~7.0
	豌豆、卷心菜、黄瓜、芹菜、番茄、胡萝卜、西蓝花、生菜	5.5~6.5
	扁豆、芜菁、红薯、芋头、白萝卜、玉米、欧芹	5.5~6.0
	土豆、西瓜	5.0~5.5

打造适合栽培蔬菜的土壤

确认田地土壤的状态后，我们就要着手打造适合栽培蔬菜的、松软的、排水性好的土壤了。基本的方法是翻土、碎土以及培垄。

打造土壤的基本做法有三步

打造适合栽培蔬菜的土壤的基本做法有三步，分别是翻土、碎土及培垄。此外，在进行这些作业的同时，还要播撒石灰以调整土壤的酸碱度、施堆肥或化肥给土壤增加养分。

调整土壤、翻土

用锄头、铁锹等给田地松土，将深层的土翻至表层。

由于降雨、踩踏等，田地里的土壤会逐渐变得紧实，透气性和排水性都会变差。这种状态下，即使进行播种或栽苗，菜苗也很难发芽，根系也不会变得发达。所以我们需要通过翻土让空气进入土中，从而使土壤的透气性和排水性变好。此外，这样做还可以将杂草翻到土中，起到除草的作用。

翻土的同时播撒石灰以调节土壤酸碱度这一作业也很重要。

1.播撒石灰

在整片田地上播撒100~200g石灰。播撒石灰时请戴上橡胶手套，以防石灰灼伤、腐蚀皮肤。

2.耕地

❶用锄头挖至30cm左右深处，将深层的土壤翻至表层。
❷也可以用铁锹进行翻土作业。

碎土、施肥

翻土过后一周左右需要进行碎土作业。具体的做法就是用锄头等农具将土壤中的硬块捣碎，让土壤变得松软。这一步作业对蔬菜扎根及生长非常重要。做好了这一步，播种或栽苗作业也会变得更加轻松。

此外，如果萝卜等根菜类作物的根下有障碍物，就会出现分叉现象，所以碎土作业是非常必要的。

进行碎土作业时，可以施一些堆肥等有机物作为基肥，施肥用量在2kg/m²左右。

1.拉绳

根据垄的宽度，在左右两边拉上绳子。

2.施堆肥和化肥

垄沟施肥时

❶在绳子框定的范围中央挖出一道沟。
❷在沟内撒入堆肥和化肥。也可以在最后的培垄阶段播撒化肥。
❸将挖出的土填回沟内。

全面施肥时

在绳子框定的范围内播撒堆肥和化肥，将肥料翻入土中并混合好。

11

培垄

培垄是指用锄头将土壤锄起并堆成可栽培蔬菜的细长条状的栽培床。由于培垄用的是已经进行了翻土、碎土作业的柔软的土壤，土壤透气性和排水性都较好，更适合栽培蔬菜。另外，垄上栽培时，将种植区域和通道区域分割清楚以便于管理。推荐使用锄头或耙子等工具认真培垄。

在培垄或者碎土的过程中，应该以100g/m²的用量给土壤施肥。施肥有两种方法，一种是在田地全面施肥，另一种是在垄中央挖一条小沟施肥后盖土，即"垄沟施肥"。不同的蔬菜适合不同的施肥方法。后续介绍各种蔬菜的栽培方法时会介绍其适合的施肥方法，请根据需要进行选择。

平地培垄时推荐东西向起垄，这样阳光照射时才不会形成阴影。斜地培垄时推荐沿着等高线起垄。

此外，根据高度可以将垄分为低垄（10cm左右）和高垄（20~30cm）两种。

垄的宽度一般在60~70cm，或再宽一些，达到120cm左右。应按照蔬菜生长后茎叶左右伸展的宽度决定垄的宽度。

在田地面积狭小的情况下，如果做太多狭窄的垄，相应地留出的通道也会更多，导致浪费更多田地面积。所以这种情况下推荐增大垄的宽度，减少垄的数量。

1.培垄的方法

首先确定垄的宽度，根据宽度左右各拉一根绳子。

然后沿着绳子从外侧翻土至绳子框定的范围内侧堆垄。四边均需完成这一工序。将土堆到需要的高度后，用耙子平整表面的土壤即可。

排水性差或地下水水位高导致土壤湿度较大的田地应该做高垄。此外，垄高也要根据蔬菜种类确定。一般来讲，叶菜类适合低垄栽培，根菜类适合高垄栽培（参考右表）。但是垄宽较窄的话，土壤容易干燥，所以应该避免一味地将垄做高。

垄的种类及适合栽培的作物

垄的种类	适合栽培的作物
低垄	青菜类、秋葵、卷心菜、芜菁等
高垄	草莓、黄瓜、番茄、青椒等
马鞍垄	西瓜等

❶沿着绳子从外侧翻土至绳子框定的范围内侧堆垄。
❷四边均需完成这一工序。
❸将土堆到10cm左右的高度后，用耙子平整垄表面的土壤。
❹平整完土壤后，取掉绳子即可。

2.做马鞍垄的方法

栽培西瓜等需要注意排水情况的作物时，可以做马鞍垄，即为每株作物各做一个圆形的垄。

做马鞍垄的方法是，确定要做的垄的宽度后，在田地里挖出相应直径的、30cm深的土坑，在坑中埋入堆肥或化肥后填土。

接着从填好的土坑周围向圆心方向堆出圆形的垄。土堆可以堆得稍高一些，然后用工具平整土壤表面，将垄平整成20~30cm高。

挖坑、施基肥
1 用锄头挖出30cm左右深的土坑。

2 在坑中埋2kg堆肥。

3 再施30g化肥。

堆出圆形垄
4 填好挖出的土坑。

5 从填好的土坑周围向圆心方向堆土。

6 堆出形状规整的圆形垄。

平整表面
7 将土堆堆得稍高一些，然后用工具平整土壤表面。

8 这样就做好了马鞍垄。

高度
20~30cm
9 将垄平整成20~30cm高。

肥料的种类及选择方法

要种出好吃的蔬菜，除了需要保证使用的是柔软的、排水性好的土壤之外，还要保证养分的供给。我们应该掌握什么时候施什么肥等关于肥料的基本知识。

蔬菜生长所需的营养素

要想蔬菜长得好、结果多，只靠土壤自带的那一点养分是不够的。而且雨水还会带走较多的养分，这样养分就会越发不足了。

所以我们必须要施肥，给蔬菜补给必需的养分。蔬菜生长必须要有氮（N）、磷（P）、钾（K）这三种元素。氮对蔬菜的叶和茎的生长，磷对花、果、根的生长，钾对植物的新陈代谢及叶和根的强壮起着不可或缺的作用，这三种元素也被称为"肥料的三要素"。缺乏这三种元素会对蔬菜的叶、果、根的生长产生不利影响，所以要在缺乏前补给。

此外，钙和镁可以促进蔬菜发育根系、促进磷的吸收等，有时也和前面提到的三种元素并称为"肥料的五要素"。

应该选择哪种肥料

肥料可以大致分为两种，一种是有机肥，另一种是无机肥。

有机肥主要是堆肥、油渣、鱼粉等源自动植物的肥料。有机肥富含多种微量成分，但见效比较慢（迟效性）。

无机肥主要是石灰等源自矿物并通过化学合成的肥料。无机肥有成分单一的，也有成分多元的。无机肥有效果立竿见影（速效性）的类型，也有加工成缓释（缓效性）的类型。另外，无机肥的形态有液态的，也有固态的，如果想要使用方便可以选择固态的，想要见效更快可以选择液态的。

市面上销售的肥料大多标注清楚了三要素的配比，例如"N8：P8：K8"等，可以根据自己栽培的蔬菜选择合适的肥料种类。一般来讲，需要结果大的果菜类适合选用三要素配比均衡的化肥，需要叶大的叶菜类适合选用高氮的化肥，需要根壮的根菜类适合选用高钾的化肥。

本书中所使用的肥料是"N8：P8：K8"型的，这里的"8"指的是每100g化肥中包含N、P、K各8g。此外还有N：P：K为15：15：15等类型的化肥。

主要养分及蔬菜在养分不足时的表现

养分	说明→养分不足时的表现
氮（N）	也叫"叶肥"。在发芽后的生长期尤其重要，也要注意不要过量施肥。→叶色变差，叶片变小
磷（P）	也叫"果肥"。一般作为基肥。果菜类、根菜类应多用。→叶片颜色变紫
钾（K）	也叫"根肥"。根菜类应多用。→叶周变枯
石灰（Ca）	调整酸碱度所必需的物质。→新叶前端变黑。番茄果实尾部（顶端）变黑

肥料的种类

肥料有各种各样的类型，下面主要介绍一下本书中出现的几种。

消石灰

氢氧化钙，也称"石灰"。在播种或栽苗前2~3周施加。可以中和土壤中的酸、促进作物根系发育。

N：P：K＝15：15：15
（各元素含量均为15%）

化肥

N、P、K三要素均衡配比后的无机肥。三要素的含量一般都在30%以下。

苦土石灰（粒状）

配有镁元素的石灰。中和土壤中酸的能力比消石灰差，但施肥后可以马上播种、栽苗。既可以作基肥，也可以作追肥。

N：P：K＝8：8：8
（各元素含量均为8%）

熔融磷肥

只含三要素中的磷的单一成分化肥。主要作果菜类基肥。有球状及粒状，可根据需要选择易播撒的种类。

堆肥

用家畜的粪便、植物等发酵而成的有机肥（现在主要作为土壤改良剂使用）。在播种或栽苗前1周作为基肥使用。让养分慢慢渗透进土壤中，将土壤改良成松软的、适合栽培的土壤。

用量标准

每次施肥的大致用量可以参照下方图片。

石灰

100g

150g

200g

化肥

（作为追肥）

10g

30g

50g

（作为基肥）

100g

150g

200g

堆肥

1kg（容量为5L的水桶）

2kg

关于土壤与肥料的Q&A

经常有人会问我一些关于土壤和肥料的问题。现在大家都比较注重健康，对"有机肥"的关注度比较高。下面我就列举一些常见问题予以解答。

Q 花盆栽培时要先将土壤过筛，筛掉太细的"微尘"，那么田地里的土壤是不是也不能锄得太细，以防土壤颗粒变得过小？

A 花盆栽培和田地栽培对于土壤的要求是不同的。

田地栽培需要土壤的排水性、透气性较好，但同时也需要有较好的保水性和保肥性。在田地里埋入堆肥或腐叶土等，再认真进行锄地后，微生物、蚯蚓等生物的活动会使得土壤颗粒变得更小，然后那些小颗粒会再汇集成大颗粒，形成"团粒结构"的土壤。水和空气可以在大颗粒的间隙中流动，同时小颗粒的间隙又能储存水和肥料，所以团粒结构的土壤既可以保证排水性、透气性，也可以保证保水性、保肥性。

花盆栽培则只需要土壤的排水性和透气性好。所以如果不去除土壤中细小的"微尘"，每次浇水时"微尘"都会被冲到花盆底部，久而久之就会堵塞土壤颗粒的间隙，甚至堵塞花盆底部的排水洞。这样土壤的排水性和透气性就都会变差。

田地栽培需要认真锄地，而花盆栽培则需要筛出细小的"微尘"，这两种做法的目的是完全不同的。田地栽培时，应该给土壤施加有机肥后认真锄地，打造疏松的土壤环境。

Q 石灰和堆肥也被称为"土壤改良剂"，它们和肥料有什么不同？

A 肥料含有氮、磷、钾这三要素以及镁、钙等矿物质。现在主要使用化肥作肥料，但在过去化肥价格较高、难以购买到的时候，主要使用堆肥和腐叶土等作肥料。但是，堆肥等含有的养分比较少，施肥量要达到化肥的10~20倍。现在如果还将堆肥作为肥料使用，成本会很高，所以正如前面的回答提到过的，堆肥主要是作为土壤改良剂使用了。

石灰是碱性的，所以主要目的其实是改良偏酸性的土壤的性质。但由于其主要成分是钙，所以也能产生肥料的效果。

发酵中的堆肥。

Q 堆肥和腐叶土有什么不同？

A   这两种都主要是作为土壤改良剂使用的。将其埋在土中后进行锄地、翻土作业，以打造适合栽培蔬菜的疏松土壤。

    腐叶土是以枯叶等植物性物质为主体，混合糠等物质发酵后形成的，其特征是肥料养分较少、质量较轻。

    堆肥主要是牛、猪、鸡等家畜和家禽的粪便混合稻草发酵后形成的，比腐叶土的养分多，掺到土壤中可以培育出优质的蔬菜。

Q 油渣、鱼粉、骨粉等比堆肥养分含量更高的有机肥是否可以作为基肥使用？

A   推荐使用化肥和堆肥作为基肥。

    油渣、鱼粉、骨粉等有机肥应用在有机种植中，当然也可以作为基肥使用，但它们是缓释类型的，故见效慢，需要在土壤中分解后才能见效，且分解过程中还会产生对植物有害的气体和盐分等，所以要在播种、栽苗前2~3周施加。

    此外，为了保证氮、磷、钾等元素的配比均衡，在施肥前要先计算哪种肥料应该施多少。

Q 完熟堆肥、完熟油渣等中的"完熟"是什么意思？非"完熟"的有机肥是不是不要使用比较好？

A 　　如果将没有发酵过的有机物埋在田里，有机物就会在土壤中完成一次发酵（蛋白质和糖类分解）和二次发酵（纤维素分解）。完熟堆肥、完熟油渣中的"完熟"指的就是已经完成了二次发酵或充分发酵过的意思。二次发酵过的堆肥、油渣投入田地里使用就不会继续发酵了。

　　如果将没有充分发酵的堆肥、腐叶土、油渣等有机物投入田地中使用，发酵过程中会产生有害的气体并使土壤温度上升，对植物的根系造成损害，导致植物停止生长。此外，还可能导致病虫害。

　　要区分完熟和未熟，不仅要看肥料的包装袋，还要确认肥料的气味，可以取出部分肥料浇上水试试。未熟的有机肥会散发恶臭，浇上水会流出黄色的液体。完熟的有机肥则不会有恶心的气味，浇上水也只会流出透明的液体。

Q 我想尽量不使用化肥，这样的话，在栽培过程中，要投入多少有机肥作基肥呢？

A 　　第15页中有提到，本书中使用的是三要素配比为8∶8∶8的化肥，根据蔬菜种类不同，按100~150g/m²的用量施加基肥。用油渣来举例的话，其氮元素的含量大约是每100g含有2.5g，如果单纯以氮元素来计算，那么应该按320~480g/m²的用量施肥。

　　但是我们也需要考虑其他的要素，所以必须将几种有机肥混合在一起。有机肥主要有含氮多的鱼粉、含磷多的骨粉、含钾和磷比较多的碱性肥料草木灰等。这些有机肥应该如何配比，最好找专业人士咨询一下。

Q 石灰（消石灰）和苦土石灰的成分和效果是否有差别？

A 　　消石灰的碱含量为65%，苦土石灰的碱含量为55%。在中和土壤中的酸方面，消石灰的效果更好。苦土就是氧化镁，镁元素对光合作用很重要，可以起到肥料的效果。

Q 我看到市面上有"有机石灰"。石灰不是无机物吗？有机石灰和石灰一样吗？有机石灰和有机栽培有什么关系？

A 　　消石灰和苦土石灰都是用矿物质做成的，而有机石灰的原料是贝壳。因为原料是贝壳，所以也用于有机栽培中，但有机石灰的碱含量只有普通消石灰的一半左右。

Q 石灰氮和石灰有什么不同？

A 　　石灰的主要成分是钙。石灰是用来调整土壤酸碱性的改良剂。石灰氮的主要成分是氰氨化钙，是一种农药肥料。将石灰氮施加到土壤中，石灰氮会与土壤中的水发生反应生成毒性强的氨基氰，可以起到驱除土壤中的害虫、病原菌、杂草种子等的效果。石灰氮经过10天左右就能分解成石灰和氮，变成无毒的肥料。

　　石灰氮在未分解前是农药，完全分解后又能变成肥料，所以被称为"农药肥料"。但是它在分解前对人体也是有害的，所以需要小心使用。家庭菜园中使用石灰氮一定要注意安全。

Q 大多数果蔬都不喜酸性土壤，是否有喜好酸性土壤的果蔬呢？

A 　　大家常说"不喜酸性土壤"，但其实适合种植果蔬的土壤pH范围是6.0~6.5，这其实也是弱酸性。更偏酸性一点的土壤（pH为5.0~5.5）适合种植的作物种类非常少，有土豆、西瓜、蓝莓等。

栽培计划

什么季节栽培哪些作物？制订栽培计划也是打造菜园的一项重要作业。

制订计划可以避免"连作危害"

制订计划的第一步就是选择合适的时期进行播种和栽苗。时期选择得不合适，就栽培不好作物，很难获得好的收成。

第二步是要搭配种植作物的种类。在同一块地方种植同一种作物（或是同科的蔬菜）叫作"连作"，很多作物连作后会发生一些特定的病虫害危险，而且还会打破土壤养分平衡，影响作物生长。这叫作"连作危害"，是初学者常见的失败原因。要避免连作危害，普遍的做法是改变每次种植作物的种类，采取"轮作"方法。

此外，施堆肥等有机肥、用石灰调整土壤酸碱度、选择抗病虫害能力强的幼苗和抵抗性强的品种进行栽培等也是有效避免连作危害方法。必须要在同一块地上连续种植同一种作物时，可参考以下列举的容易出现连作危害的番茄的种植方法。

番茄的连作危害对策

对策1：选择嫁接苗木

番茄的连作危害主要表现为青枯病、枯萎病等，主要是土壤病害。可以选择对这些病害有抵抗能力的嫁接幼苗进行种植，这样病害就难以出现了。

对策2：翻土

将田地松软的土层（作土层）和较硬的耕盘层下面的土壤（心土）翻到地表，避免出现连作危害。

对策3：多施有机肥

多施堆肥等有机肥，补充流失的土壤养分，避免出现连作危害。

对策4：进行土壤消毒

完成了1~3项对策仍然不放心的话，可以对土壤进行消毒。方法有使用农药、夏季在地表浇水后蒙上塑料膜、通过日晒消毒等。

主要作物的连作危害

作物种类	危害表现
番茄	青枯病、枯萎病
茄子	青枯病、黄萎病
青椒	立枯病、根结线虫
黄瓜、西瓜	萎蔫病、线虫
豌豆	立枯病
小松菜、白菜、卷心菜	根瘤病

不能连作的常见作物及需间隔的年数

间隔年数	作物种类
1年以上	草莓、小松菜、玉米、葱、菠菜、生菜等
2年以上	秋葵、卷心菜、黄瓜、洋葱、韭菜、白菜、花生等
3年以上	扁豆、辣椒、土豆、芹菜、番茄、青椒、鸭儿芹等
4年以上	豌豆、蚕豆、茄子、迷你牛蒡等
较少出现连作危害的作物	南瓜、红薯、西葫芦、白萝卜、胡萝卜、小萝卜等

将田地划分为四个区制订计划

制订年度栽培计划时，推荐将田地划分成四个区进行设计。

第一年的计划

春~夏

首先在1区种植黄瓜。也可以将1区划分为两个区域，种植黄瓜和玉米。2区种植日本芜菁和青梗菜。3区种植无蔓扁豆、毛豆。4区种植番茄和小番茄。田地面积够大的话，还可以将4区再分出一部分种植茄子。

另外，如果能在田地周围种上一些金盏花、花韭之类的植物，还能起到预防线虫等病虫害的效果。

秋~冬

1区种上白萝卜，2区种上茼蒿、生菜和红叶生菜，3区推荐种植菠菜、小萝卜。另外，11月中下旬，3区的菠菜和小萝卜长成收获后，可以再种上洋葱。4区可以种植白菜、西蓝花或者卷心菜。

此外，10月中下旬是草莓种植季，届时可以在田地周围种上草莓，次年5月中旬即可收获果实。

在田地周围种上金盏花，可以预防线虫虫害。

第一年计划模型

春~夏

1区	黄瓜（葫芦科） 玉米（禾本科）
2区	日本芜菁 青梗菜 （十字花科）
3区	无蔓扁豆 毛豆 洋葱
4区	番茄 小番茄 茄子（茄科）

秋~冬

1区	白萝卜 （十字花科）
2区	茼蒿 生菜 红叶生菜（菊科）
3区	菠菜（藜科） 小萝卜（十字花科） 11月中下旬可以种植洋葱（百合科）
4区	白菜 西蓝花 卷心菜（十字花科）

第二年的计划

从第二年开始就要注意避免连作了。原则上每个区都应该种植与第一年不同的作物。

春~夏

在1区种植番茄、小番茄，2区种植黄瓜，3区种植日本芜菁、青梗菜。但是注意要等到5月下旬收获完第一年在3区种的洋葱后再种植日本芜菁和青梗菜。4区种植无蔓扁豆和毛豆。

另外，田地周围种植的草莓如果生长出匍匐茎了，可以收到花盆里作为次年的新苗培育。

秋~冬

1区种上白菜、西蓝花或者卷心菜，2区种上白萝卜，3区种上茼蒿、生菜和红叶生菜，4区种上菠菜、小萝卜。

此外，11月中下旬，4区的菠菜和小萝卜长成收获后，可以再种植洋葱。

春夏时节，注意要先收获完第一年在3区种的洋葱后再种植新作物。

第二年计划模型

春~夏

1区	番茄 小番茄 （茄子）
2区	黄瓜 （玉米）
3区	日本芜菁 青梗菜
4区	无蔓扁豆 毛豆

秋~冬

1区	白菜 西蓝花 卷心菜
2区	白萝卜
3区	茼蒿 生菜 红叶生菜
4区	菠菜 小萝卜 （11月中下旬可以种植洋葱）

第三年的计划

从这一年开始，相信你已经习惯作物栽培了，但还是要注意避免连作，争取种出比上一年更优质的作物。

春~夏

在1区种植无蔓扁豆和毛豆（也可以种植耐热的空心菜），2区种植番茄、小番茄、茄子（也可以全部种植青椒），3区种植黄瓜（也可以全部种植玉米或秋葵等），4区种植日本芜菁、青梗菜。

秋~冬

在1区种上菠菜、小萝卜，2区种上白菜、西蓝花或者卷心菜，3区种上白萝卜，4区种上茼蒿、生菜和红叶生菜。

11月中下旬，1区的菠菜和小萝卜长成收获后，可以再种植洋葱。另外，4区的生菜收获后，可以采用覆膜种植的方法种植菠菜，这样种出来的菠菜会非常好吃，推荐尝试一下。

玉米会吸收多余的养分，加入轮作中，可以让后续的作物生长得更好。

第三年计划模型

春~夏

1区	无蔓扁豆 毛豆 【空心菜（旋花科）】
2区	番茄 小番茄 （茄子、青椒）
3区	黄瓜 （玉米、秋葵）
4区	日本芜菁 青梗菜 （芜菁）

秋~冬

1区	菠菜 小萝卜 （11月中下旬可以种植洋葱）
2区	白菜 西蓝花 （卷心菜）
3区	白萝卜
4区	茼蒿 生菜 红叶生菜

主要果蔬的栽培日历 （以温度适中的日本关东地区为标准） ●…播种 ▲…栽苗 ■…收获

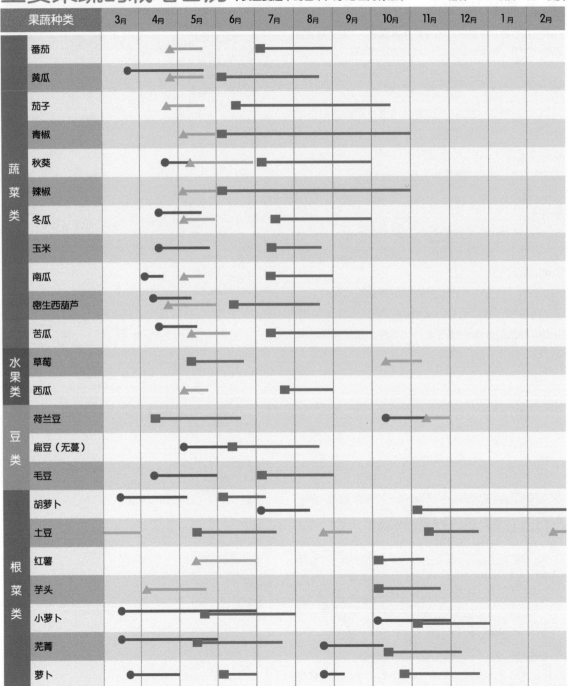

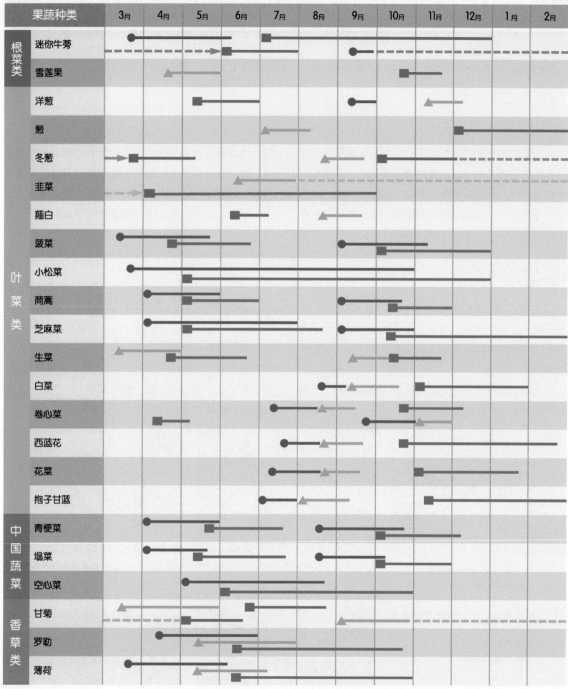

果蔬种类		3月	4月	5月	6月	7月	8月	9月	10月	11月	12月	1月	2月
根菜类	迷你牛蒡												
	雪莲果												
	洋葱												
	葱												
	冬葱												
	韭菜												
	薤白												
叶菜类	菠菜												
	小松菜												
	茼蒿												
	芝麻菜												
	生菜												
	白菜												
	卷心菜												
	西蓝花												
	花菜												
	抱子甘蓝												
中国蔬菜	青梗菜												
	塌菜												
	空心菜												
香草类	甘菊												
	罗勒												
	薄荷												

播种的基本方法

播种的基本方法有三种，条播、点播和撒播。下面将详细介绍这几种方法，请牢记。

播种前

直接将种子播撒在田地里的作业叫作直接播种。根据蔬菜的种类不同以及播种的地点不同，主要有三种播种方法，分别是条播、点播和撒播。

要想播种后作物能够顺利发芽，选对播种方法很重要；同时，将要播种的垄表面土壤平整好也很重要。如果垄表面不平整，种下的种子可能会太深或太浅，还可能出现积水，导致土壤环境过于潮湿等条件不统一的情况，造成作物无法顺利发芽。

所以在播种前必须要用耙子平整垄表面的土壤。

条播的方法

在垄上挖出一列纵沟再播种的方法叫作条播。菠菜等青菜类以及芜菁、胡萝卜等蔬菜适合用这种播种方法。这样播种后作物会生长成整齐的一列，以便于管理。

另外，在垄上沿一列播种称为"单条播种"，沿两列播种称为"双条播种"。

进行播种前，先将笔直的棍棒等工具压在垄上制造出播种用的小沟，然后以1cm的间隔进行播种后，将土重新盖好。

盖土的作业叫作"覆土"，一般来讲应该盖上3倍于种子直径厚度的土层。但是胡萝卜、生菜等发芽需要光照的蔬菜应该适当减小覆土厚度。

❶将笔直的棍棒等工具压在垄上制造出播种用的小沟。
❷以1cm的间隔进行播种。
❸用手指从小沟两侧捏取土壤盖在种子上。
❹用手从上方轻轻压一压土。
❺浇足量的水。

点播的方法

在垄上以一定间隔挖小坑，在每个坑中埋数粒种子的方法叫作点播。白萝卜、白菜、玉米等比较大型的蔬菜适合使用这种播种方法。待幼苗长出后再进行疏苗，保证每个坑位只有一株植物即可。坑与坑的间隔就是植株与植株的间隔。

以前种子的品质不一，生长情况也会不一，所以会通过条播让大量种子发芽，再从中选取长势好的留下。现在大多数种子的品质都较好，不会出现长势不一的情况，也就不需要这样的作业了。而且减少播种的数量还有如下好处：可以保证蔬菜发芽之后排列比较整齐，植株与植株之间有一定的间隔，还能减轻疏苗作业的负担。

进行点播时，先在垄上方拉一条绳子，沿着绳子等距离挖出一个个小坑，在每个坑中撒几粒种子，然后盖上1cm左右厚的土层。

每个坑中埋的种子的数量、坑与坑之间的间隔距离以及盖土量因蔬菜种类而定，请根据具体情况作业。

❶先在垄上方拉一条绳子。
❷沿着绳子等距离挖出一个个1cm左右深的小坑。
❸在每个坑中撒几粒种子。
❹依次盖上土层后用手在上方轻轻压一压。
❺浇足量的水。

撒播的方法

直接在垄表面撒上种子，然后盖上一层土的方法叫作撒播。

这是最简单的播种方法。这种方法有一个好处是单位面积的产量高，但容易导致种子位置分布不均、发芽率不均、难以进行疏苗等，不建议在家庭菜园中使用。

❶直接在垄表面撒上种子。
❷盖上能够埋住种子的土层后，浇足量的水。

27

花盆播种的方法

对于直接在田地里播种比较难发芽的蔬菜，以及市面上没有销售小苗的珍稀品种蔬菜等，可以采用花盆播种的方法，等到种子在花盆里长成一定程度的小苗之后再进行移栽。这种方法叫作花盆播种。

花盆播种用市面上销售的培养土即可。如果坚持想用自制土，可以混合50%~60%的小粒赤玉土、30%~40%的腐叶土、10%~20%的蛭石，再以1L土、3g石灰和3g化肥的比例加入石灰和化肥混合成培养土。

进行播种作业时首先从在花盆底部铺上滤网。然后将培养土装入花盆中，装至土表距离盆口1~2cm的距离，平整土面。再用手指在土面戳出小坑，在坑里撒上种子后盖上一层土，用手指轻轻压一压。

播种后浇足量的水。然后根据蔬菜的种类进行相应的管理。

❶ 准备种子、塑料花盆、滤网、培养土。

❷ 在花盆底部铺上滤网（约3cm见方）。

❸ 将培养土装入花盆中，装至土表距离盆口1~2cm的距离。

❹ 平整土面，用手指在土面戳出几个小坑。

❺ 在坑中撒上种子。

❻ 盖上一层土，用手指轻轻压一压，然后浇上足量的水。

播种后的管理

要让种子发芽，必须要保障水分、温度、氧气合适。每种蔬菜喜好的条件不同，所以大家需要掌握各种蔬菜的性质，尽量根据具体情况打造良好环境。

浇水

播种后要浇足量的水。用洒水壶轻浇、慢浇。土壤太干的话发芽就会慢，成活率也会低，所以要注意浇足量的水。

保持适合发芽的温度

不同蔬菜适合的发芽温度不同，如生菜、芹菜等喜欢18~20℃的气温，番茄喜欢25~28℃的稍高气温。应该根据蔬菜的种类保持适合发芽的温度。

疏苗

播种后不是所有的种子都会发芽并长大的，所以需要先播下超过需求株数的种子数。等到种子发芽后，根据生长情况拔掉不需要的小苗，只留下健康的小苗。这一作业叫作疏苗，目的是留下长势好的小苗，调整植株的间距。

1.发芽前的管理

从刚播种直到种子发芽期间都要注意浇水，保持土壤湿度。

直接播种的话，可以在地上盖上覆膜或冷布等，进行湿度、温度管理。

2.发芽后的管理

种子发芽后，进行疏苗作业，留下长势好的小苗。

种子发芽后，根据生长情况对密集的小苗进行疏苗，调整植株间距。

如何挑选好的商品苗

如果你是第一次栽培蔬菜，推荐使用商品苗。下面将介绍挑选好的商品苗的诀窍。

苗的质量影响收获

最近，在园艺商店和家居商城等地方可以轻松买到番茄、草莓、扁豆、薯类、卷心菜等典型蔬菜的苗株，也能买到土圞儿、雪莲果等稀有蔬菜的苗株。虽然我想推荐初学者从苗株开始种植，而且这样也比从播种开始更容易成功，但现实是，市场上充斥着尚未到最佳栽苗期的幼苗、错过栽苗期的苗和弱苗等。

这样的话，即使把苗栽下去，也有可能无法收获，收获了品质也可能不好，白白浪费了栽培、管理的精力。

也就是说，从苗开始栽培能否成功，和第一步的选苗息息相关。

选苗要看哪里

选择一株好苗，主要看以下三个地方：❶节间短而强壮；❷叶色深、无病虫害；❸有根系（根从盆里拔出来之后应该抓着土块），并且颜色洁白。

关于❸，如果看不到根从盆中拔出来的样子，可以通过花盆底部的通气孔判断根的情况。

同时，也要检查长在最下面的一对子叶是否健康，有没有枯萎、变黄。下面的叶子如果枯萎了，苗株就可能已经错过了最佳栽苗期。

此外，请尽量选择嫁接苗。虽然价格有些贵，但它抗病能力强，能抵御连作危害，生长能力也很好。

商品苗的检查要点

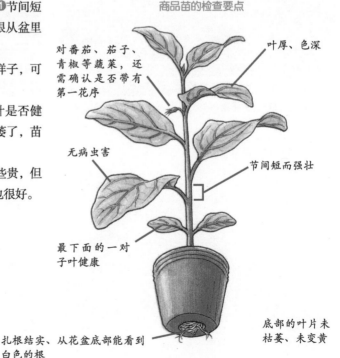

对番茄、茄子、青椒等蔬菜，还需确认是否带有第一花序

叶厚、色深

无病虫害

节间短而强壮

最下面的一对子叶健康

扎根结实、从花盆底部能看到白色的根

底部的叶片未枯萎、未变黄

❶节间短，无徒长枝。

❷叶片厚、颜色深、无病虫害。

❸根从盆里拔出来之后带有土块，底部的根的颜色洁白、有精神。

辨别嫁接苗的要点

番茄、茄子、黄瓜、西瓜等作物，推荐使用价格高但抗病能力强的嫁接苗。辨别要点是看子叶上部的嫁接接口（图中画○处）。

黄瓜

茄子

番茄

栽培果蔬的基础知识

31

栽苗的方法

将花盆播种长出来的苗或者买来的苗栽进田里。下面将介绍栽苗的基本作业方法和浇水的方法。

把苗栽到田里

栽苗是指把在花盆等容器中长到一定大小的苗栽培到田地中的作业。

栽培前，需要打理土壤。一般要在栽培的2周之前播撒石灰调整土壤酸碱度，在1周之前使用堆肥、化肥等基肥，翻土（详见第10页）。

培垄后，在表面覆盖聚乙烯薄膜或者稻草等（地膜覆盖），地面温度就会上升。这有利于喜好高温的蔬菜生根，因此请根据蔬菜种类来覆盖地膜（详见第40页）。

此外，种植黄瓜等蔬菜前，需要搭支架。这一步也有具体方法，请调整作业日程，进行准备。

栽苗尽量选择无风的阴天。晴天时（尤其是夏季）阳光太强，苗马上就会没有精神。此外，大风会把苗吹倒，把茎吹折，不仅会带来损伤，还会使苗失水枯萎。

进行栽苗作业时，首先用移植铲在垄上挖坑，坑的大小要能够完全容纳根系（根抓着土块）。根据蔬菜的种类，选择浅植（栽苗时使根系稍微露出

来一些）或者深植（栽苗时把一小部分茎也埋进土里）。接下来拆掉喷壶的喷嘴，手盖在壶嘴，给坑里注满水。水渗下去之后，把苗从花盆中拔出来，注意不要破坏根系和根抓着的土块。用食指和中指按住茎的底部，把苗倒过来慢慢拔，就可以从花盆中轻松分离根系。

苗放入坑中后，把土拢到苗株处，用手轻压，使土和根系结合。此外，如在栽苗前把液肥用水稀释1000倍，并给苗施肥，将有利于生根。

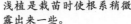

浅植是栽苗时使根系稍微露出来一些。

深植是栽苗时把一小部分茎也埋进土里。

栽苗后要浇足够的水

栽完苗之后，要给苗株和垄浇充足的水。

栽苗后，在新的根没长出来时，苗株无法充分吸收水分，所以如果叶片蒸发的水分过多，苗株会枯萎，叶片会干枯。特别是持续干旱和刮大风的日子更应该浇水，否则会导致栽种伤。栽苗后浇水是预防移

栽损伤的重要作业。

完成栽苗后，基本上土干了就浇水。但不同的蔬菜喜好的土壤干湿度不同，所以要根据蔬菜的特性浇水。

栽苗的方法

用移植铲挖坑。

坑内浇满水。

等待坑中的水渗下。

用食指和中指按住茎的底部，把苗倒过来。

不要破坏根系，小心地从花盆中拔出根。

放入坑中。

把土拢到苗株处。

用手轻压，使土和根系结合。

喷壶的喷嘴向上，给苗株和垄浇足水。

主要蔬菜的吸水量（生长初期和生长最盛期）

蔬菜种类	生长初期吸水量（mL）	生长最盛期吸水量（mL）
生菜	20~40	100~200
芹菜	50~100	300~500
番茄	50~100	1500~2500
青椒	50~100	1500~2500
黄瓜	100~200	2000~3000

收获前的基本作业

播种、栽苗之后需要进行各种各样的作业，直至迎来收获。所有作业都很重要，下面将进行基本介绍。

栽培作业的流程

根据蔬菜种类，有些程序不是必需的，下图为一般栽培流程。请记下来吧。

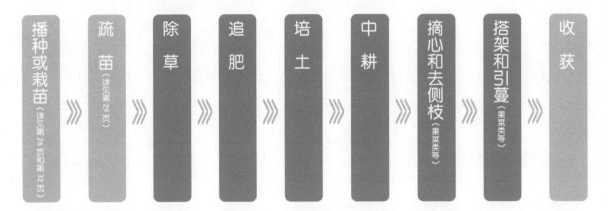

播种或栽苗（详见第26页和第32页）》疏苗（详见第29页）》除草》追肥》培土》中耕》摘心和去侧枝（果菜类等）》搭架和引蔓（果菜类等）》收获

1.除草

去除杂草

　　日本降水量多，从春天到秋天，气温比较高，因此不仅蔬菜长势喜人，杂草生长也很旺盛。杂草会争夺土壤中的养料和水分，覆盖苗株，从而遮挡阳光，影响蔬菜的生长。

　　生长初期的苗有时会凋零、消失不见。到了生长后期，蔬菜长得茂盛起来，能够抑制杂草的生长。

　　进行除草作业时，既可以用手摘除杂草，也可以使用镰刀、耙子、锄头等除草工具。

　　当然也可以使用除草剂，但家庭菜园的面积不大，还是尽量以无农药栽培为主，培育安全、放心的蔬菜。

用手摘除

平时好好观察，一长杂草就要勤于摘除。

2.追肥

生长期间追加肥料

蔬菜随着生长，吸收的养料会变多。

此外，施加的基肥会由于下雨等情况慢慢流失掉。

因此，要根据蔬菜的生长情况追加肥料，这种作业被称为追肥。

追肥时施用的主要是化肥（氮肥）。追肥的量和施用地点各有不同，但一般来说，化肥用量约为30~50g/m²，施用在植株根部和垄沟。

此外，也可以用水将液肥按1∶1000~1∶500稀释，并喷洒于叶面。

株间追肥

在植株和植株之间施肥。

垄沟追肥

在垄和垄之间（过道）施肥。

条间追肥

在植株的列和列之间施肥。

使用除草镰刀等除草

使用除草镰刀进行除草作业，也可以起到中耕（详见第36页）的效果。

3.培土

将垄沟的土堆至植株根部

　　将垄沟的土堆至植株根部的作业被称为培土。

　　该作业可以防止植株倒伏、防止根菜的地下根茎变色、抑制杂草生长、使葱等蔬菜软化。此外，将变低的垄堆高，还有提高排水性等效果。

在植株根部培土

在植株根部培土，可以提高植株稳定性。

高培土

对葱等需要软化栽培的蔬菜，培土时要把土高高地堆起来。

4.中耕

栽培过程中进行耕土，疏松土壤

　　即使是初次用于种植的松软土壤，随着栽培的进行，也会受到雨水等因素影响，出现表面硬化的问题。

　　出现这种问题后，土壤通气性和排水性变差，不利于蔬菜生长。

　　此外，土壤中也会不知不觉地滋生出杂草，阻碍蔬菜生长。

　　因此，要进行中耕作业，轻轻松动植株间和垄沟的土壤，除去杂草，疏松土壤表面。

　　视田地的具体情况，一般每月进行1~2次追肥、培土和中耕。

❶雨水等导致土壤表面硬化、滋生杂草的草莓地。
❷在垄表层翻土，疏松土壤，同时去除杂草。

5.摘心和去侧枝

摘芽以调整生长

摘心是指摘去茎的顶端（生长点），去侧枝是指摘去从茎和叶的根部长出的侧枝。这两项作业主要适用于栽培果菜类蔬菜。

如栽培番茄，需要采取"单杆整枝法"，摘去所有的侧芽，只保留中心茎干（主枝）。一般在出现5~6段（注：出现一朵花为一段）花朵时打顶摘心。

摘心可以使花朵提前开放（西瓜等）、抑制植株徒长（番茄等）。去侧枝可以改善光照和通风条件，调节植株生长以提高果实的饱满度。

用剪刀剪下茎的顶端（图片为番茄）。

剪去从茎和叶的根部长出的侧枝（图片为黄瓜）。

6.搭架和引蔓

搭架并绑上茎、蔓，以防止倒伏

引蔓是指用绳子将茎、蔓和支架系在一起的作业。引蔓可以防止长得高的蔬菜倒伏（搭架作业详见第38页）。

但是，如果把茎紧紧地系到支架上，不仅会阻碍茎、蔓的生长，还容易损伤茎、蔓，导致其容易被风吹折。

由于茎、蔓会长粗，而且可能会被风吹动，所以要采用"8"字形绕环绑茎、蔓，拧若干下绳子，在茎、蔓和支架之间留出空隙，再打结。

 引蔓

❶把绳子系在茎上，拧若干下绳子，留出间隙。
❷间隔适当距离，系到支架上。

支架的设置方法

栽培果实较重的果菜类蔬菜和蔓生型蔬菜时，为了防止植株倒伏，需要搭架。下面将介绍支架的搭架方法和类型。

设置支架的优点

如果放任长得高的蔬菜自然生长，受到果实重量、刮风的影响，会发生倒伏，导致栽培无法成功。因此需要搭架，牵引茎、蔓，防止倒伏。此外，搭架可使植株直立生长，从而使收获变得简单、使去除病虫害更容易，以及提高收获量。

搭架有若干种方法，根据蔬菜的种类分为不同类型。

临时支架

栽苗后立即搭架，以稳定苗株

由于刚栽下的苗根尚未发育完全，苗株不稳定、容易倒伏。

因此，需要在苗株侧面搭60~70cm的短支架并引茎，以稳定苗株。

该支架叫作临时支架。苗株长大后，替换为长支架（正式支架）。

"人"字架

适用于黄瓜、番茄、苦瓜等

在垄的两侧各斜插一根支架并相互交叉，再用横支架贯穿连接。"人"字架比直立架稳定，因此适用于黄瓜、番茄等长得高、果实重的果菜类蔬菜。

直立架

适用于秋葵、辣椒、青椒、茄子等

在植株旁边竖起直立的支架。

适用于秋葵、辣椒、茄子等长得不太高、果实不太重的果菜类蔬菜。

灯笼架

适用于豌豆等爬蔓型蔬菜

用支架围起植株和垄的周围，然后用绳子围起四周并打结。

适用于豆科的爬蔓型蔬菜。

① 确认支架的顶端，将尖头一端插入田地里。

② 确定栽苗位置，在其外侧斜插支架。

③ 另一侧同样斜插支架，使之相互交叉。

④ 在其他地方继续插入支架，保持高度一致，在交叉处用横支架贯穿。

⑤ 在交叉处用绳子系牢。

⑥ 为加固支架，斜插一根支架贯穿支架内部，并用绳子系牢各交点处。

地膜的铺设方法

铺设地膜可以使地表温度上升、防止土壤干燥、抑制杂草生长、防止溅泥产生的病害，使得栽培更有效率。

铺设地膜的好处

在地表铺设聚乙烯薄膜叫作覆膜。铺设地膜的好处有以下四点：

❶使地表温度上升；

❷保持土壤水分，防止土壤干燥；

❸抑制杂草生长（黑色地膜可以起到这个效果）；

❹防止溅泥产生的病害。

一般来说，聚乙烯地膜使用得比较多，有颜色的还能起到特殊的效果。

最常用的就是黑色地膜，其不仅能使地表温度上升，还能抑制杂草生长。

透明地膜可以使地表温度上升得更高，适合冬天使用。

银色地膜的聚温效果没有那么强，适合在夏季用来防暑，并且它还能反射阳光，防止厌光的蚜虫带来的危害。

地膜的尺寸多种多样，市面上常见的有95cm、135cm、150cm，可以根据垄宽选择。

此外，还有等距开孔的地膜，以及印有间距量度的地膜等，可以根据目的和预算选择。

最近市面上还出现了价格稍高但可以在土壤中降解的地膜。

最常用的是黑色地膜。

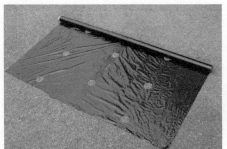

可以清楚看到种植位置的带孔黑色地膜。

印有植株间距量度的地膜。

适合夏天用的绿色地膜。

地膜的颜色与效果

颜色	效果
黑色地膜	使地表温度上升，抑制杂草生长
透明地膜	使地表温度上升，促进生长
绿色地膜	不会使地表温度上升过高，透光性更强，能够抑制杂草，防止烧根
银色地膜	不会使地表温度上升过高，能够抑制杂草，还能反射阳光，防止蚜虫危害

地 膜 的 铺 设 方 法

在垄的一端盖上比垄宽30cm（左右各15cm）的地膜。

将地膜的边缘埋在垄端，用脚踩实固定。

拉开地膜紧紧平铺于垄上。

同样埋好另一端地膜的边缘，用脚踩实固定。

用锄头砍断多余的地膜（或者用剪刀剪断）。

从垄两侧拉平地膜，盖上土，用脚踩实固定。

两边都要盖上土，固定好。

在垄中央压上一些土，以防地膜被风吹走。

41

冷布的设置方法

设置冷布，可以防寒、防暑、防强风、防大雨、防干燥、防止鸟类偷吃、防止虫害等，应对各种恶劣情况，保护栽培的蔬菜。

可实现无农药栽培

冷布在低温时可以为幼苗、植株保温，高温时可以遮光避暑，由此可以延长越冬作物的收获时间或加快栽种的幼苗的发育。

除了防寒、防暑之外，冷布还有防止强风、大雨带来的倒伏危害，以及防虫害等效果。

因此，在夏季等虫害多发时期用冷布给植株搭棚（也叫隧道式栽培），即能实现无农药栽培。

冷布类型有两种

冷布有黑色、白色两种类型。

黑色的遮光效果好，适合在夏季用来防晒。白色的具有除霜、保温、保湿、防虫效果，适合春季、秋季、冬季使用。

若第一次购买，推荐白色冷布。

除了颜色不同，冷布还有网眼大小、材质的差别。根据用途，冷布分为各种类型，可以根据需求选择。

另外，除了冷布，不织布也经常被用来铺盖田地。

不织布是直接铺在地上的，和冷布一样，其有除霜、保温、保证菜苗同时发芽、催熟、防止鸟类偷吃、防止虫害等效果。可以根据用途和预算选择。

白色冷布。

铺设方式有两种

冷布的铺设方式有两种，一种是直接铺在地上，另一种是铺在拱形的支架上。

冷布一般是铺在拱形的支架上的，不织布则一般直接铺在地上。直接铺在地上时，铺设方法和地膜的相同。但要注意只能用剪刀剪断。

另外，冷布和不织布在浇水时都无须取下。

发芽前或刚发芽不久时的作物，以及比较矮小的叶菜类作物都适合采用直接铺在地上的方法。浇水时无须取下冷布或不织布。

在垄的两侧等距插入支架，间距为50~60cm。

将支架弯成拱形，顶端插入垄的另一侧。

调整支架的高度。

在拱形支架上盖上冷布。

将冷布两端埋入土中。

将冷布边缘埋入土中固定。

在拱形支架中间插入新的支架。

将新插入的支架也弯成拱形，固定冷布。

病虫害防治

栽培蔬菜是避不开病虫害的。下面将介绍一些病虫害的预防方法和治疗对策。

首先要做的是预防

栽培蔬菜是避不开病虫害的。

要防止病虫害带来的损失，最有效的做法就是使用农药。不过如果能采取一些预防病虫害的措施，就可以控制农药的使用量。首先要做的就是改善栽培环境，认真管理菜园。

具体来讲，就是要选择光照和通风条件良好的地方栽培蔬菜。尤其是在院子里栽种时，一定要避免通风条件差的封闭场所，应选择朝南的、通风条件好的地方作为菜园。

认真完成改造土壤、培垄、疏苗、除草、追肥、培土、中耕等基础作业，会对预防病虫害产生很好的效果。

还有，选择好的菜苗、选择对病虫害抵抗力强的品种、避免连作、在田地周围种上金盏花、使用银色条纹地膜、铺设冷布、发现害虫就马上捕杀等也能起到预防效果。这需要大家用心、努力。

病虫害预防对策

对策	具体做法
撒石灰、翻土	在田里撒上石灰，好好翻土，调整土壤的酸碱度，从而起到预防病害的效果
让土壤暴露在寒冷空气中	将下层土壤翻起，在寒冷空气中放置一段时间，从而起到防治病虫害的效果
加大间距种植	加大间距种植，保障光照和通风良好
避免连作	避免连作，防患于未然
采用隧道式栽培法	盖上冷布，物理防止害虫入侵
利用地膜	铺上对害虫有预防效果的银色地膜等
利用反射胶带	在作物周围拉上反射胶带，防治厌光的蚜虫
用花洒喷水	针对茄子等作物，早晚用花洒喷水冲掉蚜虫
泼洒牛奶	将稀释后的牛奶泼洒到蚜虫上，驱除害虫
尽早处理被病虫害侵蚀的植株	早点去除生病的叶子或植株，防止波及面进一步扩大

常见作物的病虫害及预防对策（具体购买时请认真咨询售卖商家）

作物	病虫害	对策
草莓	霜霉病	将卡利绿剂按1∶1000~1∶800稀释后喷洒
卷心菜	青虫、菜蛾	捕杀，或将塔罗流剂CT稀释1000倍后喷洒
黄瓜	露菌病	将百菌清1000按1∶1000稀释后喷洒
	黄守瓜	捕杀，或将马拉松®乳剂按1∶2000稀释后喷洒
白萝卜	蚜虫	将奥莱托агро剂按1∶100稀释或将马拉松®乳剂按1∶2000稀释后喷洒
茄子	叶螨	将黏液君液剂按1∶100稀释后喷洒
葱	锈病	将杀菌剂萨布罗鲁乳剂按1∶1000~1∶800稀释后喷洒

病名	症状
花叶病毒病	叶片上出现马赛克状的斑点后枯萎
霜霉病	叶片表面出现白色粉状霉斑
立枯病	接近地面的茎腐烂、枯萎
萎蔫病	接近地面的茎枯萎、叶片变黄、枯萎
软腐病	从接近地面的叶到植株整体腐烂，散发恶臭
灰霉病	叶、茎、花上出现灰色霉斑
露菌病	叶片上出现多边形斑点，最后变成褐色，叶片背面出现灰色霉斑
害虫	症状
青虫	粉蝶幼虫等经常啃食植物叶片
蓟马	吸食叶和花的汁液，叶面上会出现密集的小白点。体长只有1~2mm的小虫
蚜虫	吸食叶、茎、根的汁液
黄曲条跳甲	幼虫对根造成危害，成虫对叶造成危害。成虫体表为黑色且富有光泽，两个鞘翅中央各有一黄色纵条
菜蛾	1cm左右大的绿色幼虫会藏在叶片背面，啃食叶脉
线虫	藏身于土壤之后，被侵害的植株根系会腐烂，或生根瘤病
叶螨	聚集在叶片上吸食汁液。叶片上会出现白色斑点
夜盗虫	夜间啃食叶、茎。在叶片背面产卵，幼虫是灰褐色的

遭受病虫害时的对策

　　无论采取什么样的预防措施，都不可能完全避免病虫害。为了找寻食物，害虫会从外部飞入我们的菜园，或是从土中侵入，病原菌会被雨水带来，或是从土中入侵。

　　如果发生病虫害后没有及时处理，其他健康的作物也可能会受到危害，所以有时必须要考虑使用农药来防治。

　　农药的防治效果很好，但如果使用不当，可能发生药害。所以在喷洒农药前一定要确认使用方法，在正确的使用时间按规定用量使用。

　　另外，每种农药都有其针对的对象，要根据病虫害的种类和作物的种类选择使用。如果不知道生了什么病虫害，或是不知道某种农药能不能用于某种作物，可以向农药生产厂家或销售人员等咨询。

　　如果比较排斥使用农药，可以使用更安全的油酸钠剂（肥皂的成分之一，如本书中提到的奥莱托液剂）、苏云金杆菌（Bacillus Thuringiensis，BT）杀虫剂（使用苏云金杆菌生成的蛋白质制成的对人体无害的生物农药，也可以用于有机栽培，如本书中提到的塔罗流剂CT）等。

准备服装

为了防止农药沾到皮肤上或由呼吸道吸入，需要穿戴橡胶手套、口罩、护目镜、长袖衬衫。喷洒完农药后要仔细洗脸、洗手。

确认药剂的使用说明 ②

购买农药时要确认对症的病虫害和作物种类。使用前要再次确认一遍使用时间、次数、浓度、用量等信息。

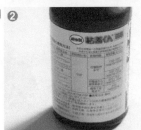

准备药剂

参照使用说明，按规定比例将药液和水混合均匀。

喷洒到叶片背面

叶片背面的害虫往往比较多，应沿植株从下向上喷洒农药。另外，注意要顺风喷洒农药，以防农药被风吹到自己身上。

整体喷洒

从距离植株20~30cm的位置将农药喷满整个植株。

病害

病毒病

花叶病毒病经蚜虫传染。图片上的番茄的叶片已经被侵蚀成丝状（丝叶症状）了。

黄萎病

土壤中的霉菌导致植株半边枯萎。发展到最后，所有的叶片都会枯萎（图为患了黄萎病的茄子）。

霜霉病

叶片表面会出现白色粉状霉斑。多发会影响果实发育（图为南瓜）。

虫害

疫病

常见于番茄。一旦沾染上，受灾面积非常容易扩大，是一种棘手的病害。疫病由霉菌引起，感染的植物茎上会生出黑褐色的病斑。常在梅雨时期和秋雨连绵的季节发生（图为番茄）。

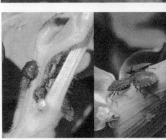

露菌病

叶片上出现多边形斑点，最后变成褐色，叶片背面出现灰色霉斑。从底部的叶片开始出现症状，逐渐传染到上部的叶片（图为黄瓜）。

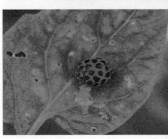

蚜虫

代表性的害虫。大部分作物都会受到这种虫害。蚜虫会稀释叶、茎、根的汁液，成为花叶病毒病的载体。

蝽虫

豆科植物常受这种虫害。蝽虫会吸食叶片、果实的汁液。

有害瓢虫

植食性有害瓢虫。图为马铃薯二十八星瓢虫。茄二十八星瓢虫与马铃薯二十八星瓢虫非常相似，二者都会对茄科蔬菜的叶造成危害。

生理性病害

裂果

果实成熟变色后遭受雨打就容易出现这种生理性病害（图为小番茄）。

青虫

主要啃食植物叶片。粉蝶幼虫常危害卷心菜等作物。

黄守瓜

瓜科蔬菜害虫，幼虫危害根，成虫危害叶。

金凤蝶

幼虫危害胡萝卜、欧芹等伞形科蔬菜的叶。

毛虫

毒蛾类幼虫，危害毛豆的叶。毛虫有毒，不要触碰。

金龟子

幼虫危害根，成虫食叶，啃食除叶脉以外的部分。

夜盗虫

虫如其名，会在夜间从土中出来啃食叶片。右图为夜盗虫的幼虫。

棕榈蓟马

吸食叶、花、果的汁液，叶面上会出现密集的小白点（图为遭受虫害的茄子）。

需要置办的基本工具

工欲善其事，必先利其器。下面介绍一些种菜前需要置办的基本工具及相关的使用方法。

五种必备工具

锄头、铁锹、移植铲、园艺剪、洒水壶。有了这五种必备工具，基本上就可以开始栽培作业了。

移植铲
用于在垄上挖出栽种坑、往花盆里添土、混合土壤等，是播种和栽苗作业中必不可少的工具。

锄头
用于翻土、打孔、培土等，是种菜的必备工具。各个地方的锄头的刀身长度、角度等可能有所不同，选择自己喜欢的类型即可。

铁锹
用于挖土、翻土、混合土壤等。常见的类型有尖头铁锹和方头铁锹。

园艺剪
用于剪枝和收获蔬果。尤其是茄子等直接摘取会损伤植株的蔬果，一定要用剪刀来收取果实。

洒水壶
播种、栽苗前后、土壤干燥时用来浇水。壶嘴的角度不同，出水的方向也不同，有的洒水壶壶嘴向上，有的则向下，还有的洒水壶的壶嘴是可以取下来的。

八种容易置办的工具

如果只是种青菜类的蔬菜，只要有前面提到的五种必备工具就可以了。但是如果还想种一些其他种类的蔬果，那么还需要置办下面这些工具。

除草锄
用于割去杂草、除去小杂草等。简单的培土、挖沟、中耕等作业也可以使用。其柄比较长，可以站着使用。

除草镰刀
用于割杂草。中耕时可以使用，还可以用来收获叶菜类等。

支架
栽种果菜类、有藤蔓的蔬菜等时必须使用的工具。准备1~2m长的支架即可。

耙子
培垄后用于平整垄表面的土壤。还可以用来除表层的杂草以及清扫除掉的杂草。

筛箩
用于筛土。可以将土壤按颗粒大小分类，还可以在播种后用来撒一层薄薄的土。

卷尺
用来测量垄的宽度和植株间距。划分垄区域时非常方便。

黑色地膜
如果用上地膜栽培，大多数果菜类就能大大提高成功率。

喷雾器
喷洒农药时的使用工具。选择5~10L容量的就足够了。类型有电动式和手动式的，电动式的更方便好用。

49

如何用花盆栽培蔬菜

使用花盆，就可以在阳台等狭小的地方享受种菜的乐趣了。正式在田地里种菜前，可以用花盆练习一下。

花盆栽培的四个要点

用花盆种菜有四个要点，即花盆的大小、放置的环境、浇水的方法，以及种植用的土壤。下面将列举一些注意点，请牢记。

放置环境的光照条件和能够栽培的主要蔬菜

光照条件	蔬　菜
光照条件好	扁豆、黄瓜、番茄、茄子、胡萝卜、青椒等
半天有光照	小松菜、茼蒿、菠菜等
光照条件差	鸭儿芹、蘘荷等

第一个要点：花盆的大小

栽培蔬菜的花盆需要有一定的深度和容量。一般用长65cm、深20cm、容量约15L的标准花盆种植30~40天能够收获的叶菜类蔬菜。

根菜类、果菜类蔬菜用长85cm、深30cm、容量在25L以上的大型花盆种植。香草类及小型的叶菜类用长30~40cm、容量在10L以下的小型花盆种植。

花盆的种类

大型花盆，容量在25L以上

小型花盆，容量在10L以下

标准花盆，容量约15L

第二个要点：放置的环境

在阳台种菜需要注意光照和通风条件。

有的蔬菜喜欢阳光，有的则只需要半天光照即可。不同的蔬菜喜好的气温也不同。种菜前应该详细了解要种的蔬菜的习性，选择合适的位置放置花盆。

另外，如果通风条件差，花盆里会比较闷热，这对蔬菜不好，容易发生病虫害。所以要避免将花盆靠墙放置，注意选择通风条件好的地方。

第三个要点：浇水的方法

用花盆栽培，必须要时刻注意土壤的干湿情况。不过土壤一直过湿也会伤根。浇水的基本原则是看到表层土壤干了再浇。

浇水要浇透，浇到花盆底部流出水才算浇透了。这样花盆内部的旧空气就会随着水排出，新鲜空气将会进入土壤中。

不过在刚播完种、种子还没发芽的时期，注意要一直保持土壤湿润。在这段时期浇水时动作要温柔，将洒水壶的壶嘴朝上，慢慢浇水，以防种子被冲下去。

第四个要点：种植用的土壤

用花盆栽培时，由于土壤有限，所以要比直接在田地里栽培更加注意土壤的排水性和透气性等性质。

虽然市面上有各种各样的栽培用土，但是自己混合栽培用土很简单，推荐尝试自制。

基本的配比是，赤玉土：堆肥：腐叶土：蛭石=4：4：1：1，这样混合出来的用土是"万能"的。

另外，栽培完一季蔬菜后，将土壤里的根系清除干净，再混合三分之一至二分之一的新土，就可以直接用来种新的蔬菜了，不用担心连作危害。

用土的配比

❶将赤玉土、堆肥、腐叶土、蛭石按照4：4：1：1的比例混合。再按1L土壤、3g化肥和3g石灰的比例准备化肥和石灰。

❷将上述材料一起倒入大容器中，混合均匀。

❸一边混合一边少量多次加入一些水。混合好的土壤应该能够达到用力捏出一个土块后，轻轻用手指搓一下就能散开的标准。

好的状态

不好的状态

栽苗的方法

准备好花盆，在底部铺上滤网，以防土漏出来和害虫侵入。

为了提高排水性，在底部铺满石头，整平。

在花盆中加入栽培用土，留出距花盆口2cm的空间即可，平整土壤表面。

距离一定间隔挖出种植坑。

从小花盆中拔出菜苗，移栽入种植坑后轻轻压实菜苗根部的土壤。

栽种好的样子如图所示。

浇足量的水，直到有多余的水从花盆底部流出。

在花盆底部铺上滤网和石头，加入栽培用土，留出距花盆口2cm的空间。

用小棍在土壤表面压出一条沟。

在沟里撒上种子，种子与种子之间间隔1cm。

用手指捏拢小沟两边的土壤，轻轻按压土壤表面，埋好种子。

浇足量的水，直到有多余的水从花盆底部流出。

用过的栽培用土如何再利用

❶ 将土壤中的根和叶都清理干净，然后将土壤平铺在报纸上晒干。

❷ 根据土壤体积加入5%~10%的有机肥混合。

❸ 边加水边搅拌均匀至用手能捏成块的程度。

❹ 放入塑料袋中，在光照好的地方放置1~2个月杀菌。

❺ 加入占整体三分之一至二分之一的新的栽培用土，再加入必要的肥料混合。

欧芹

水菜

本书的特点及阅读方法

蔬菜的名称、科名、栽培难度

蔬菜名称后的<>内是可以用同种栽培方法栽培的蔬菜，（）内是该蔬菜的别名。难度用星级表示，星星越多代表越难栽培。

用一句话介绍该蔬菜的特征等。

栽培的顺序

用图文搭配等形式，简单明了地介绍备土、播种、栽苗、疏苗、追肥、培土、剪枝等收获前的作业。
*作业时间是中间地带的作业时间。

栽培日历

将日本分为寒冷地带（东北以北）、中间地带（关东至日本中部）、温暖地带（日本西部）三个地带。清晰明了地展示了各个地带的播种、栽苗、收获时期。

蔬菜的特点、栽培要点

介绍了各种蔬菜的原产地，适合的气候、土壤，栽培时需要注意的要点，推荐在家庭菜园里种植的品种等。

病虫害防治

介绍了每种蔬菜容易患的病虫害及相应的防治方法。防治用的药剂适用的蔬菜种类和病虫害种类有所不同，使用方法和次数也都有不同的标准，请仔细确认后正确使用。

栽培建议

介绍了常见的失败原因及对策，用花盆栽培时需要注意的要点等。请在制订栽培计划时参考是否有连作危害。推荐的食用方法主要反映了作者的喜好。

*本书中的信息为2009年1月时的信息。

田间栽培果蔬

蔬菜类、水果类、豆类、芽菜类、根菜类、叶菜类、香草类近80种

果蔬的栽培方法

番茄〈小番茄〉

家庭菜园中最具人气的蔬菜，刚摘的新鲜番茄最美味

遇到这种情况怎么办？

· 果实底部变黑→撒石灰，补钙。缺水也是一种可能的原因。

· 裂果→遮雨，不要让果实被雨淋到。

是否适合连作： 不适合（需要间隔3~4年栽种）。

花盆栽培要点： 在深30cm以上的大型花盆里装入培养土，留出距花盆口2cm的空间，将菜苗移栽进花盆。搭临时支架，用绳子绑住菜苗。等菜苗扎根后，再搭一根2m左右长的支架。结第一个果后，追加10g化肥。第一次收获后要进行摘心作业。

主要营养素： 钾、番茄红素、胡萝卜素、维生素C。

推荐食用方法： 将完全成熟的番茄切成薄片后制作成沙拉，或做成番茄果汁，煮番茄也很好吃。

●…播种　▲…栽苗　■…收获

栽培日历		3	4	5	6	7	8	9	10	11	12	1	2
作业	寒冷地带			▲		■							
	中间地带		▲			■							
	温暖地带		▲		■								

让番茄从第一花房就开始结果

　　番茄原产于南美洲的安第斯高原。其喜阳、喜排水性好的土壤和比较凉爽的气候以及昼夜温差大的环境，忌高温、高湿环境。

　　和栽种其他果菜类的要点一样，栽种番茄也需要维持叶、茎、根的"营养生长"，以及结花、果实、种子的"生殖生长"二者的平衡。例如，施的肥料含氮太多，就会导致番茄只长叶、不长果。要解决这个问题，关键在于要让番茄从第一花房就开始结果。另外，番茄在高温、高湿的梅雨季节会比较容易生病，需要定期喷洒药物来进行防治。

　　小番茄的栽培要点与番茄基本相同，不过比起大番茄，小番茄的栽培更方便。

1.选苗

选择叶片颜色较深、有光泽的菜苗

　　栽种番茄的要点是选择好的菜苗。一定要选择节间短而粗壮、叶片有一定厚度、颜色较深、有光泽，还带着子叶的菜苗。不要买叶子已经萎蔫或叶片边缘已经打卷的菜苗。从花盆中拔出小苗时，要记得检查一下根须。根须已经打卷的菜苗，即使栽种了也不会健康生长。

要点2：选择嫁接苗（有圈中痕迹的）就可以进行连作。

要点1：选择节间短而粗壮的菜苗。

要点3：选择根须没有打卷的菜苗。

2.整理土壤、铺设地膜

番茄的根系会扎得很深，一定要好好翻土

　　番茄的根系大约会扎根在1m深、2~3m宽的范围内，所以翻土一定要翻得深一些，垄也要堆得高一些，以保证土壤的排水性。另外，番茄缺钙容易得脐腐病，所以在栽苗前2~3周，应该按每平方米150g的用量在田里撒石灰并认真翻土。

　　在栽苗前1周进行培垄作业。间隔120cm拉两根绳子，在两根绳子隔出的地带中央挖出30cm深的沟，按每平方米土壤加4kg堆肥、100g化肥、50g熔融磷肥的用量埋好肥料。然后在两根绳子隔出的地带堆出20cm高的垄，盖上地膜使地面温度上升。

❶栽苗前2~3周，在田里撒石灰并认真翻土。栽苗前1周，在两根绳子隔出的地带中央挖出30cm深的沟。

❷❸在沟里埋堆肥、化肥和熔融磷肥后，堆出20cm高的垄。

❹盖上地膜，在地膜中央压上土或石头。

3.栽苗

栽种时注意让花房朝着垄沟方向

番茄要在已经没有晚霜的4月下旬~5月中旬栽苗。市面上销售的菜苗一般装在直径9cm的小花盆里，需要移栽到直径12cm的花盆才行，移栽后等待菜苗第一次开花。

栽种时，先在地膜上剪出两列小洞，洞与洞间隔45cm，然后在每个小洞处挖出10cm左右深的种植坑。在坑里浇足量的水。水被土壤吸收后，将菜苗栽种进坑中，注意要种得深一点，轻轻压实根部的土壤。栽种时注意让花房朝着垄沟方向（番茄会朝同一侧开花），这样便于之后管理和收获。

❶❷在地膜上开洞，挖出种植坑，在坑里浇足量的水。
❸压住菜苗的根部，将花盆倒置，连同土球一起拔出菜苗。
❹将菜苗移栽到地里，轻轻压实根部的土壤。

4.搭架、引蔓

正式支架要搭成"人"字架

移栽完后，在每株菜苗旁边斜插一根临时支架，用绳子将茎绑在支架上。

等菜苗长到50cm高时，就可以搭正式支架进行引蔓了（如果在移栽前就已经搭好正式支架，就不需要再搭临时支架了）。正式支架要从每株作物的两旁斜插进土壤，在上方交叉。调整好所有支架的高度后，在交叉处横着再搭一根支架，搭成"人"字架（参考第39页）。

"人"字架

❶在菜苗的旁边斜插一根支架。

❷用绳子将茎绑在支架上，绳子要拧几下，在茎与支架间留出空隙。

5.去侧枝
摘除除主枝以外的所有侧枝

随着不断生长，番茄的叶子根部会生出许多侧芽。栽培番茄需要将这些侧芽全部摘掉，只留一根主枝结果。

拆除侧枝可以让主枝结出更大的果，而且还能增加光照和改善通风条件，减少病虫害的发生。

侧枝长得很快，所以差不多一周就要摘一次。

用手折断即可。

6.引蔓
在茎和支架中间留出空隙

开花后，将花房下面的侧芽摘掉，然后进行引蔓。不过横向生长的茎之后会自然向上生长，所以不需要强行引蔓。

❶开花后，将花房下面的侧芽（红圈部分）摘掉。
❷用绳子将茎绑在支架上，要拧几下绳子，在茎与支架间留出空隙。
❸系在支架上。

番茄的花房

7.打激素
一定要保证第一花房能结果

为了避免只长枝叶不结果的情况，一定要保证番茄从第一花房就结果。

一般来讲，打激素要在气温还比较低的时期进行。将市面上可以买到的番茄激素用水按1：100~1：50稀释后喷洒，以促进番茄结果。

在第一花房开出2~3朵花后，将激素喷洒到整个花房。不过，要注意只能打一次激素，否则可能会导致结出畸形果。

不需要打激素，只需用手指轻轻敲打几下即可。

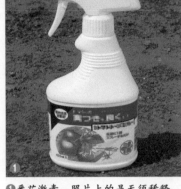

❶番茄激素。照片上的是无须稀释、可以直接使用的类型。
❷将激素用喷雾器喷洒到整个花房（如果开了很多花，则需要将多余的花摘除，只留4~5朵花，然后打激素）。

8.追肥、培土
每月进行1~2次追肥

在最下面的花房（第一花房）结出乒乓球大小的果实，以及从下往上数第三个花房结出的果实长大时，分别进行一次追肥。

之后可以根据植株的生长情况进行追肥，一般间隔20天左右进行一次。但是要注意肥料不能给太多，否则会影响结果。

将地膜掀起，在垄两边按30g/m²的用量施加化肥，用锄头等工具轻轻培土。

❶在第一花房结出乒乓球大小的果实后进行第一次追肥。
❷将要加追肥的地方的地膜掀起，撒上化肥后轻轻培土。

小番茄的追肥要在第一花房结的果变大后进行。

9.摘心、摘果

当枝叶长到和支架差不多高的时候要进行摘心

一般来讲，当枝叶长到与支架差不多高的时候（第五~六花房），就要将高于支架部分的茎剪掉，即进行摘心。作物长得太高会不方便打理。

留下最后一个花房（果实）上方的两片叶子，剪掉剩余的茎。摘心之后，将茎轻轻地绑在支架上。

摘心

将高于支架部分的茎剪掉。

摘果

结果过多时（大型番茄4~5果，中型番茄7~8果），应该将长势不好的果实摘掉，使营养集中到长势好的果实上。

10.收获（栽种后过55~60天）

从完全成熟的果实开始细心收获

开花后过40天左右，番茄的果实开始着色。整个果实都变成红色就代表完全成熟了，这时候就可以收获了。

按照成熟的顺序，用剪刀剪断果梗摘取果实。如果果实成熟了却不摘取，果皮就会慢慢腐烂，或者果实自然掉落，所以需要细心收获。

另外，第一花房的果实会在梅雨季成熟，最后一批果实会在7月左右成熟。这两批果实的味道都不如中间时期成熟的果实的味道。

❶用剪刀剪断果梗，摘取果实。

❷将果梗沿根剪断，以防戳伤其他果实。

> **病虫害防治**
>
> 番茄可能患的病虫害有20种以上，尤其是在高湿的梅雨季最容易患病。可以将桑博尔德按1∶600~1∶300稀释或将杀菌剂百菌清1000按1∶1000稀释等，对症下药，防止病虫害蔓延。
>
> 发现蚜虫时，可以将奥莱托液剂按1∶100稀释，或将杀虫剂马拉松乳剂按1∶2000稀释后喷洒，驱除害虫。

黄瓜

开花后过一周即可收获，用途多样的夏季蔬菜

遇到这样的情况怎么办？

· 根部枯萎→选择抵抗力强的嫁接苗重新栽种。

· 果实形状难看→施速效化肥。

是否适合连作：不适合（需要间隔2~3年）。

花盆栽培要点：将已经长出3~4片真叶的菜苗栽种到深30cm以上的大型花盆中。在距离菜苗有一定距离的地方插临时支架，轻轻地将茎绑在支架上。等到蔓长到一定长度后，搭2m左右高的正式支架，根据生长情况进行引蔓。应该趁早摘取最开始结的2~3个果实，之后再按顺序收获。枝叶长到和临时支架差不多高之后进行摘心，让侧枝生长。

主要营养素：钾、异槲皮素、胡萝卜素、维生素C。

推荐食用方法：味噌拌生黄瓜，或将生黄瓜稍微腌制一下再食用。

●…播种　▲…栽苗　■…收获

栽培日历		3	4	5	6	7	8	9	10	11	12	1	2
作业	寒冷地带		●	▲		■							
	中间地带		●	▲	■								
	温暖地带		●	▲	■								

从发芽到收获只需要两个月

　　黄瓜的花分雌花和雄花，是一年生蔓生草本植物。黄瓜原产于喜马拉雅山麓，喜好凉爽的气候，但是不耐霜打，12℃以下将无法生长。

　　黄瓜忌土壤水分不足，根系会从土壤中吸收很多氧气。在打造土壤时，应该多施一些有机物，提高土壤的透气性。翻土要翻得深一些，以增加土壤中的氧气含量。

　　黄瓜在果菜类中是成熟时间最短的，从发芽到成熟只需要两个月，开花后过一周即可收获。

　　但是如果连作，容易得经土壤传染的萎蔫病。如果想要每年都栽种，就应该选择价格稍微高一些的抵抗能力强的嫁接菜苗，或者进行轮作。

嫁接菜苗

1.播种、栽苗

栽种前应将菜苗养到长出3~4片真叶

每年的3月下旬~5月下旬，在直径10~12cm的小花盆中种下3粒种子，然后定期浇水。

种子发芽后进行疏苗，摘掉一株，留下两株，等到长出真叶后再摘除一株发育得不好的小苗。将留下的小苗养到长出3~4片真叶后就可以进行移栽了。

如果是直接在地里播种，就在直径20cm左右、相互间隔40~50cm的马鞍垄（参考第13页）上播种，每个垄种3~4粒种子。疏苗的方法和在花盆里栽培一样，等到长出4~5片真叶后留下一株菜苗。

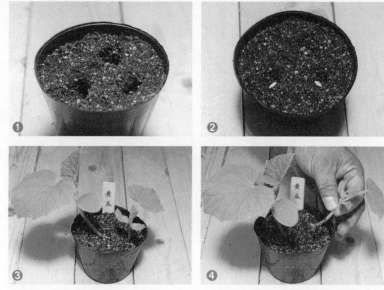

将培养土装入花盆中，在土面戳出3个小坑（①），每个坑中放1粒种子（②），轻轻盖一层土。发芽后摘掉一株小苗（③），长出真叶后再摘除一株发育得不好的小苗（④），只留下一株菜苗。

2.整理土壤

深耕土壤，提高土壤含氧量

在栽苗前2~3周，按每平方米150g的用量在整块田里撒石灰，将石灰和土壤混合均匀。在栽苗前1周，按每平方米土壤加5kg堆肥、100g油渣、100~150g化肥、60g熔融磷肥的用量在整块田里埋好肥料，深耕土壤，为土壤提供足量的氧气。

如果要种植两列黄瓜，则应该做成宽120cm、高15~20cm的垄。

在整块田里埋好肥料，要用锄头尽量深耕土壤。如果要种植两列黄瓜，就按照宽120cm、高15~20cm的规格拉好两条绳子定位，然后进行培垄。

3.铺设地膜
防止土壤干燥，提高地面温度

　　黄瓜在地温过低、土壤水分不足的环境下容易发育不良。铺设一张地膜即可预防这一问题。

　　在田里铺地膜后应该压上重物，以防地膜被风吹飞。

　　在垄上铺一张尺寸大于垄的地膜，一端压上土固定（❶），另一端也压上土固定（❷），用锄头斩断地膜（❸）。将地膜的每个边缘都压到土中，再在中间压上土固定（❹）。

4.搭架
支架要搭稳，才能让蔓更好地攀爬

　　黄瓜的蔓很容易断，所以应该搭结实的"人"字架。

　　在准备栽种的位置外侧斜插两根支架，使支架呈"人"字形交叉。调整统一所有支架的高度，然后横向搭一根支架，用绳子将交叉的地方绑牢。

❶在准备栽种的位置外侧斜插两根支架。
❷统一所有支架的高度，然后横向搭一根支架。
❸用绳子将交叉的地方绑牢，以防支架坍塌。
❹斜向再插一根支架，用绳子将交叉处绑牢，稳固支架。

5.栽苗

种植两列，列与列间隔60cm

已经没有晚霜的4月下旬~5月中旬是最适合栽种黄瓜的季节。

种植两列菜苗，列与列间隔60cm，植株间隔40~45cm。将打算种植的地方的地膜开洞，轻轻翻一翻土后，浇足量的水。

将菜苗从花盆中拔出来，移栽到田里，注意不要种歪了，要轻轻压实根部的土壤。移栽完之后在菜苗周围浇水。在干燥的夏季要在早晨和傍晚浇足够的水。水分不足会导致黄瓜发育不良。

在种植坑里浇足量的水，在水被土壤吸收之后，从花盆中拔出菜苗移栽到田里，然后浇一次水。

6.引蔓

仔细引蔓，不要让蔓垂下来

移栽之后，用绳子等工具将蔓牵引、固定到支架上，但注意不要绑得太紧，否则会妨碍蔓的生长，还容易被风吹断。蔓和支架之间一定要留出一定的空隙。用绳子绑住蔓之后要将绳子拧几下再绑到支架上，这样就能留出空间了。

另外，蔓会长得很快，所以引蔓时要细心，以防蔓垂下来。

从距离地面10cm左右的地方开始绑绳。用绳子绑住蔓之后，要将绳子拧几下再绑牢到支架上。

也可以按上图所示，让蔓攀爬到网上。

7.摘心

当母蔓长到高于支架的高度后就要进行摘心

母蔓上第5~6节前的子蔓要全部摘除。长到7节以上的子蔓也要从1~2节开始摘心，只留一根母蔓。

另外，当母蔓长到高于支架的高度后就要进行摘心，不让母蔓继续生长。这时候不需要对子蔓进行摘心。

母蔓上第5~6节前的子蔓要全部摘除。

长到7节以上的子蔓也要从1~2节开始摘心。

8.追肥

每隔10~15天进行追肥

黄瓜如果缺肥就容易长出底部较大的畸形果实。为了保证养分充足，每个月应该进行2~3次追肥（每隔10~15天进行一次），每平方米土地施加30g化肥。

第一次追肥要施在作物周围，第二、三次追肥施在垄两侧。

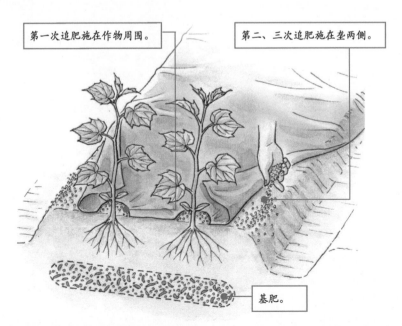

第一次追肥施在作物周围。

第二、三次追肥施在垄两侧。

基肥。

9.铺稻草

在植株根部铺稻草

梅雨季节时，要在植株的
根部铺稻草。

铺稻草能防止雨水溅起的
泥点污染叶片。叶片沾上泥就
有可能枯萎或生病。

铺一层能够完全盖住土面的稻草。

10.收获 （播种后过约60天）

不要让果实长得太大，趁早收获

要趁早收获最开始的2~3个果实，减轻植株
的负担。

之后的果实可以在长到18~20cm长再收获。
要时刻关注果实的成熟情况，如果收获得太
晚，黄瓜可能会长得像丝瓜一样大。

当黄瓜长到18~20cm长时，就可以用剪刀剪断
果梗并收获果实了。如果收获得太晚，黄瓜会
长得很大，味道就不好了。

> **病虫害防治**
>
> 黄瓜是很容易遭受病虫害的蔬菜，最常见的是叶片上出现黄色病斑的霜菌
> 病，以及叶片上出现白色病斑的霜霉病。霜菌病要用按1：1000稀释的百菌清
> 1000治疗，霜霉病要用按1：4000~1：2000稀释的灭螨猛®水溶剂治疗。出现
> 蚜虫时，可以将奥莱托液剂按1：100稀释后喷洒。出现黄守瓜时，可以将马
> 拉松乳剂按1：1000稀释后喷洒。

茄子

从夏初到晚秋都能收获新鲜果实，挑选喜欢的品种种植吧

遇到这样的情况怎么办？

· 结的果实非常硬→打激素。

· 果实没有光泽，有种子→摘小一点的、尚未成熟的果实。

是否适合连作：不适合（需要间隔4~5年）。

花盆栽培要点：栽种到深30cm的大型花盆里，插一根70cm高的临时支架进行引蔓。长出花蕾后，留下主枝和主枝下面的两根侧枝，摘去其他侧枝，插一根120cm左右高的正式支架进行引蔓。要趁早摘取第一个果实，然后施加10g化肥作为追肥，之后每两周施一次追肥。

主要营养素：钾（有助于排钠）、膳食纤维（改善便秘）、茄色甙（改善视力）、多酚（抗氧化作用）。

推荐食用方法：烤茄子和麻婆茄子都很不错。

美国茄子

长茄子

●…播种　▲…栽苗　■…收获

栽培日历		3	4	5	6	7	8	9	10	11	12	1	2
作业	寒冷地带			▲		■							
	中间地带		▲		■								
	温暖地带		▲		■								

喜好高温和光照，但不喜干燥

　　茄子是原产于亚洲热带的蔬菜，适合在30℃环境下生长，不耐寒，所以一定不能太早种植。其喜好光照条件好的地方，光照条件差就会发育不良。其不耐干燥，所以应该种植在含水量多、深耕过的田地里。

　　茄子很容易出现连作危害，如果要在同一块地里种植，中间一定要间隔4~5年。

　　茄子有各种形状和品种，挑选喜欢的品种种植即可。

1.选苗
嫁接苗更容易栽培

　　茄子从播种到发芽需要很长时间，比较难管理。家庭菜园种植推荐直接买菜苗栽种。

　　菜苗应该选择节间短而强壮、叶色深、茎粗而结实的。缺肥的老化苗（下方的叶片黄化、枯萎或掉了的）很难扎根，应该避免。

　　稍微贵一点的和嫁接过的、耐病性强的嫁接苗比较能够对抗连作危害，也更容易培育，推荐购买。

选择节间短而强壮、叶色深、茎粗而结实的菜苗。条件允许的话，尽可能选择嫁接苗（红圈内为嫁接点）。

2.整理土壤
打造肥多松软的土壤

　　在移栽前2~3周，按每平方米150~200g的用量在整块田里撒石灰，翻土翻至30~40cm深。移栽前1周，在田地中央挖出一条20~30cm深的沟，在沟里按每平方米4kg堆肥、100g油渣、150g化肥、60g熔融磷肥的用量埋肥料。

　　培垄，垄的规格为宽60cm（打算种植两列作物的垄宽就为120cm）、高20cm，在垄上铺地膜。

移栽前1周，在田地中央挖出一条20~30cm深的沟，在沟里埋堆肥等肥料。培垄，铺设地膜，在地膜中央压上泥土或石头。

3.栽苗、引蔓
不要破坏包裹根系的土球，直接连同土球一起栽种

茄子应该在已经没有晚霜的4~5月进行栽苗。

植株间隔60cm（种植两列就是60cm×2列，美国茄子则需间隔90~100cm），在地膜上开洞，翻土后浇足量的水，水被土壤吸收后将从花盆里拔出的菜苗直接移栽进地里，轻轻按实根部的土壤。

在移栽后的菜苗旁斜插一根70cm高的临时支架，用绳子轻轻将茎绑在支架上。之后看到土壤非常干燥就浇水。

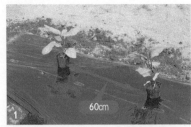

❶❷植株间隔60cm进行栽苗。❸在移栽后的菜苗旁斜插一根临时支架。❹在距离地面10cm左右的地方将茎绑在支架上。

4.整枝
只留三条枝

移栽之后，等到菜苗长出第一朵花，就要进行摘心了。只留下紧挨着第一朵花下方的两条侧枝，其他的侧芽全部摘除。植株上只留下主枝及主枝下方的两条长势好的强侧枝。

等到留下的侧枝也长大后，再搭一根正式支架与之前的支架交叉，用绳子进行牵引。

❶只留下主枝和紧挨着第一朵花下方的两条侧枝。
❷其他的侧芽全部摘除。
❸如图所示，植株上只留下三条枝。

5.追肥
一发现结果就要施追肥

一发现结果就要开始施追肥了，频率为两周一次。当植株还较小的时候将追肥施在植株根部，植株长大之后就掀起地膜，将追肥撒在垄的两侧并轻轻埋起来。第二次埋在第一次外侧，第三次埋在更外侧的地方。

另外，观察花就能知道植株的生长情况。雌蕊比雄蕊更长说明生长情况良好，雌蕊和雄蕊一样长就需要注意了；如果雄蕊比雌蕊还长，或者发生落花现象，就说明肥料或水分不足。

雌蕊更长说明生长情况良好。雄蕊更长说明肥料或水分不足。

每次追肥的量为30g/m²。当植株还较小的时候将追肥施在植株根部。

6.收获、修剪（栽苗后过大约30天）
早一点收获

茄子成熟之后种子会比较硬，果肉质量会变差。应该摘取开花后过20~25天的未成熟的果实。中长茄子长到10cm长左右就可以收获了。

另外，7月下旬时，茄子的枝叶会交织在一起，导致光照条件变差，果实的质量也会变差。应该在8月上旬修剪1/3~1/2的枝条，以便秋天收获更好的果实。

如果枝条太杂乱，就将所有枝条修剪1/3~1/2的长度。这样就能改善光照条件，以收获质量好的秋季茄子。

病虫害防治

种植茄子需要注意蚜虫（见下图）和夜盗虫等虫害。发现蚜虫后，可以将奥莱托液剂按1:100稀释或将杀虫剂马拉松乳剂按1:2000稀释后喷洒。发现夜盗虫、有害瓢虫等，就使用按1:1000稀释的敌百虫乳剂。

另外，每天傍晚在叶片上喷大量的水也能有效防治蚜虫。

青椒〈彩椒〉

喜好高温，
从夏初到秋季都能收获新鲜果实

遇到这样的情况怎么办？

· 生长情况差→铺地膜提高地面温度。

· 落花→趁早收获果实，在植株周围施加追肥。

是否适合连作：不适合（需要间隔3~4年）。

花盆栽培要点：将菜苗栽种到深30cm以上的大型花盆中，插临时支架进行引蔓。长出第一朵花后，就将除主枝和主枝下方的两条侧枝以外的侧枝全部摘掉，然后插正式的支架进行引蔓。要趁早收获最开始的果实，然后施10g追肥。之后每两周施一次追肥。

主要营养素：维生素C、维生素E、胡萝卜素、膳食纤维。

推荐食用方法：青椒酿肉。

青椒

青椒花

●···播种　▲···栽苗　■···收获

栽培日历		3	4	5	6	7	8	9	10	11	12	1	2
作业	寒冷地带			▲	■								
	中间地带		▲	■									
	温暖地带		▲	■									

不要在刚种植过茄科蔬菜的地里栽种

　　青椒原产自美洲的热带地区，是不辣的辣椒的近亲。青椒富含维生素C和胡萝卜素等，营养价值非常高。最近除了未熟的绿色青椒，红色、橙色、黄色、紫色等多彩的彩椒也开始变得常见了。

　　青椒非常耐热，也很少遭受病虫害，非常适合在家庭菜园里种植。在刚种植过茄科蔬菜的地里栽种会发生连作危害，这一点需要注意。

　　青椒有很多品种，但都非常容易栽培，选择喜欢的品种种植即可。

1.整理土壤

基肥要给足

青椒喜好透气性好的土壤，所以要多施堆肥等有机肥料，以打造松软的土壤。

栽苗前2~3周，按每平方米100g的用量在整块田里撒石灰，将其与土壤混合均匀并深耕。栽苗前1~2周，按每平方米3kg堆肥、100~200g油渣、150~200g化肥、60g熔融磷肥的用量在整块田里施肥，将其与土壤混合均匀并深耕。

或者可以将一半的肥料施在整块田里，剩下的一半施在挖的沟中。

❶❷栽苗前2~3周，在整块田里撒石灰，将其与土壤混合均匀并深耕。
❸栽苗前1~2周，在整块田里施堆肥等作为基肥，将其与土壤混合均匀并深耕。

※也可以将一半的肥料施在整块田里，剩下的一半施在挖的沟中。

2.培垄

垄应该宽一些，种植两列作物

栽苗前要先培垄。垄的规格为宽120cm、高20cm。垄的长度根据打算种植的植株数量决定。只种植一列作物的话，垄宽60cm即可。另外，铺设地膜可以提高地温，这样植株更容易成活，发育情况也会更好。

根据垄宽拉两根绳子，将绳子外侧的土翻到绳子内侧（❶）。垄堆到20cm左右高，用耙子将表面的土壤整平（❷）。均匀盖上地膜（❸）。要记得在地膜上压上泥土防风（❹）。

3.栽苗、引蔓
苗要栽得浅一点

青椒不耐低温，栽苗应该在5月进行。可以直接从市场上买菜苗（选择已经长出7~8片真叶的、节间短而强壮的、稍大一些的菜苗）并栽种，植株间距45~50cm，种植两列。

在地膜上开洞，挖出种植坑后浇足量的水。水被土壤吸收后，从花盆里拔出菜苗栽种到地里。

栽种完之后垂直插一根临时支架，用绳子将茎轻轻地绑在支架上。

❶在垄上铺地膜，按照45~50cm的间距栽种两列菜苗。❷在菜苗的旁边插临时支架。❸在距离地面10cm左右的地方，用绳子将茎轻轻绑在支架上。

4.整枝、修剪、引蔓
长出第一个果实后进行整枝，只留三条枝

栽苗后过2~3周，植株结出第一个果实后，侧枝就会慢慢长大。只留下主枝和两条强侧枝，其余的侧枝都需要剪除。

这时候要在植株旁边垂直插正式支架进行引蔓，防止倒伏和断枝。

随着生长，植株的枝叶会逐渐变得杂乱。要仔细修剪交叉在一起的枝。

❶只留下主枝和两条强侧枝，其余的侧枝都需要剪除。
❷小的侧芽可以直接用手摘掉。
❸修剪多余的侧枝，改善光照条件。

5.追肥、培土
收获第一个果实后进行追肥

　　收获第一个果实后进行第一次追肥。在植株根部或者掀开地膜，在垄的两端按每平方米30g的用量施化肥，然后轻轻地将土堆至植株底部。

　　从第二次开始，每两周进行一次追肥、培土。

在植株底部施追肥。对青椒要采用垄端施肥的方式。

6.收获（栽苗后过约30天）
注意及时收获

　　开花后过15~20天即可收获。果实较多时，请早一些收获。如果让果实留在枝头，果实会长得更大，但植株会衰弱得更快。而且果皮会变硬，颜色也会不好看。

　　完全成熟的青椒和彩椒在60天左右就可以收获了。此时枝条容易折断，因此必须要用剪刀来收获。

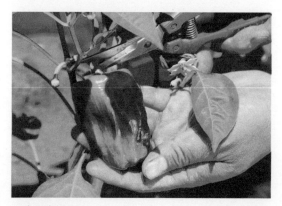

用剪刀剪断果梗。

> ### 病虫害防治
>
> 　　主要的病害是花叶病。此类病害的媒介是蚜虫等害虫，因此除虫非常重要。
>
> 　　此外，如果后续栽培茄科蔬菜，有可能会发生立枯病。因此要避免连作，同时使用嫁接苗。
>
> 　　出现蚜虫和叶螨时，可使用按1：2000稀释的马拉松乳剂或者按1：100稀释的黏液君液剂驱除。
>
> 患花叶病的青椒叶

秋葵

口感黏滑但有益健康，预防苦夏的优质蔬菜

遇到这样的情况怎么办？

· 不发芽→把种子放在水中浸泡一天一夜之后再播种。

· 果实硬、籽大→7~8cm长时收获。

是否适合连作： 不适合（需要间隔2年）。

花盆栽培要点： 使用深30cm以上的大型花盆栽苗（10℃以下不生长，因此需要注意气温）。长到20~30cm高以后，搭架轻轻引蔓。然后随着植株的生长不断引蔓。收获后，追施10g化肥。每月追施2次。

主要营养素： 胡萝卜素、维生素E、钙、纤维素（膳食纤维）、黏蛋白。

推荐食用方法： 水煮后切小片，撒上柴鱼花，或者做成天妇罗。

●…播种　▲…栽苗　■…收获

栽培日历		3	4	5	6	7	8	9	10	11	12	1	2
作业	寒冷地带			●—▲		■—							
	中间地带		●—▲			■—							
	温暖地带		●—▲	■—									

易于栽培的品种

一般认为，秋葵原产于印度。其耐热性好，盛夏时节也可茁壮生长。秋葵耐旱、耐湿，但非常不耐寒，气温降至10℃以下时停止生长。

植株高度和品种有关，一般可长至1~2m高。秋葵吸肥能力强，基肥氮元素过多时会发生徒长，不利于结果。因此，实现丰收的重点是整理土壤。

1.播种

4月末~5月上旬播种

发芽的最佳温度较高，为25~30℃，因此要在4月末~5月上旬种在花盆里。秋葵的种皮较硬，播种前需要在水中浸泡一天一夜。

一个花盆中放入4~5粒种子，真叶长出2~3片后进行疏苗，只保留一株。

花盆中放入培养土，用手指戳出4~5个小坑，每个坑放1粒种子。

2.整理土壤

注意基肥的量

栽苗的2周前，在田中按每平方米100g的用量撒石灰，并将其与土壤混合均匀。栽苗的1周前，按每平方米2kg堆肥、100g化肥的用量施基肥，将其与土壤混合均匀后深耕。基肥的氮元素含量高会不利于结果，因此需要注意氮元素的含量。

培垄，垄宽70~80cm、高10cm。地面温度上升后容易滋生杂草，为避免杂草滋生，需要覆盖黑色地膜，这样做有利于苗株生长。

培垄，垄宽70~80cm、高10cm。铺黑色地膜，用重物压住地膜。

3.栽苗
植株间保持40~60cm的间距

　　为避免移栽时损伤幼苗，选用长出3~4
片真叶的幼苗进行移栽。

　　植株间保持40~60cm的间距。在地膜
上开洞，充分浇水。水被土壤吸收后，将
苗从盆中拔出并移栽到地里，用手轻压根
部土壤。

40~60cm

栽苗几天后的苗株（覆盖
着绿色的地膜）。

4.追肥
进入收获期后进行追肥

美丽的秋葵花

　　进入收获期后进行第一次追肥。在植株周围或者垄的两
端按每平方米30g的用量施化肥，并将土堆至植株底部。

　　之后每月进行两次追肥、培土。

每月进行两次追
肥，每次按每平方
米30g的用量施化
肥。掀起地膜在植
株周围施追肥（图
片中的植株未覆盖
地膜）。

5.摘叶
改善通风情况

　　开始收获后进行摘叶。保留被摘下果实的茎节下方的1~2片叶片，除此之外，用剪刀剪下下方所有叶片。摘叶可以改善结果情况，同时可以改善通风情况，减少病害的发生。

剪除果实下面一节的一些叶片以改善通风情况，留下1～2片即可（红圈处是已经摘取过果实的痕迹）。

6.收获（播种后过约80天）
果实要尽早收获

　　果荚长至7~10cm长时，是收获的最佳时期。错过这个时期，果实会长得更大，但果实会变硬，无法食用。而且蚜虫可能会在果荚上筑巢。

　　请在开花后过7天左右采摘青嫩的果荚。

果荚长到食指长的时候是最适于收获的。

辣椒

本书中的辣椒为辣度较低的品种

遇到这样的情况怎么办?

· 掉叶、结果不良→改善光照。

· 果实太辣→充分浇水、施肥。

是否适合连作:不适合（需要间隔3~4年）。

花盆栽培要点:使用深30cm以上的大型花盆种1棵苗,搭临时支架。气温较低时,要移至室内。栽苗后过2周左右将临时支架换成正式支架并引蔓,之后随着植株的生长不断引蔓。追肥每2周1次,每次施用10g化肥。需要注意的是,如果水和肥料不足,果实会变辣。

主要营养素:胡萝卜素、维生素C、维生素E、膳食纤维、辣椒素。

推荐食用方法:油炸后蘸盐吃非常好,做成烤串也不错。

●…播种　▲…栽苗　■…收获

栽培日历		3	4	5	6	7	8	9	10	11	12	1	2
作业	寒冷地带			▲	■								
	中间地带				■								
	温暖地带		▲	■									

在排水好的肥沃土壤中栽培

　　本书中的辣椒是指不太辣的小果实辣椒,其完全成熟后果实会变红。通常食用的是未成熟的果实。

　　不太辣的品种和比较辣的品种的栽培方式基本相同,适合在光照条件好、排水好、肥沃的土壤中栽培。

伏见甜辣椒

万愿寺辣椒

日光辣椒

1.整理土壤

施加足量基肥

由于辣椒栽培期较长，需要多施加有机物。

在栽苗前2~3周，在田中按每平方米150g的用量撒石灰并混合均匀。

栽苗的1周前，在田里按每平方米3kg堆肥、100g油渣、150g化肥、60g熔融磷肥的用量施肥。挖沟，培垄，垄宽60cm、高20cm。

覆盖地膜可以提升植株生长速度，提高收获量。

充分施用基肥，耕地，培垄。

铺设地膜，用土或者石块压住地膜中央。

❶在地膜上开洞，浇足量的水。

❷等待水渗下去。

❸按住苗的根部，将苗从盆中拔出。

❹采用浅栽法将苗移栽到地里，把土堆到根部，并用手轻压根部土壤。

2.栽苗

5月栽苗

为了避免晚霜危害，栽苗要在5月进行。

单行栽苗，垄的宽度为60cm；双行栽苗，垄的宽度为120cm。

植株之间保持45~50cm的间距。将菜苗从花盆中拔出并移栽到地里，采用浅栽法。

辣椒苗。挑选苗株的方法和青椒一样。

3.搭临时支架
用支架固定以防被风吹倒

栽苗后，在苗株旁垂直插一根60~70cm高的临时支架。在距离地面10cm左右的地方，将茎轻轻绑在支架上，进行引蔓。

苗株长大后，拆除临时支架，搭正式支架，并随着植株的生长不断引蔓。

在苗株的旁边设置临时支架，把绳子系在茎上，拧几下绳子留出间隙，再绑到临时支架上。

4.整枝
留三条枝

栽苗后过2~3周，长出第一个果实的时候，侧枝会生长出来。此时，采用和青椒同样的处理方法，只留三条枝。

除了主枝和长势最好的两条侧枝，其余的侧枝都要用剪刀剪掉。

此外，随着植株生长，枝条会交织在一起。这时要用剪刀仔细地将相互重叠的枝条剪掉。

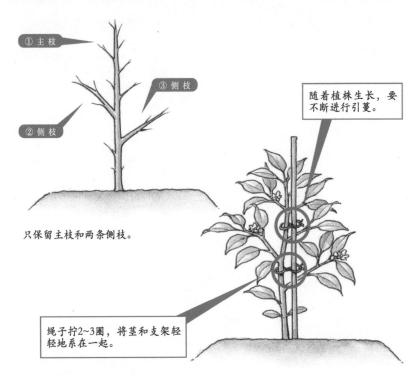

① 主枝

③ 侧枝

② 侧枝

只保留主枝和两条侧枝。

随着植株生长，要不断进行引蔓。

绳子拧2~3圈，将茎和支架轻轻地系在一起。

5.追肥

每月施1~2次肥

如果收获的果实口感很辣，可能是肥料不足。为了恢复长势，需要进行追肥。

视生长情况，每月施1~2次肥。在垄的两端按每平方米30g的用量施肥，并将土轻轻堆至植株底部。

掀开地膜，在垄的两端施肥。撒好肥料后轻轻堆好土，将地膜恢复原状。

6.收获（栽苗后过约30天）

果实长至5~6cm长后进行收获

辣椒需要收获尚未成熟的果实。因此果实长至5~6cm长后，就要用剪刀进行收获。

辣的辣椒开花后过60天，果实会完全变红、成熟。此时，可以摘下完全成熟的红色果实或者拔下整个植株，在屋檐下面等地方晾干。

此外，食用辣椒叶时，需要待第2~3个果实长至4~5cm长的时候，整株拔下，摘下叶片，做成佃煮（译者注：来源于江户时代的日本美食，指的是将小鱼和贝类的肉、海藻等与酱油、调味油和糖等一起炖的东西）等美食。

收获时用剪刀剪断果梗即可。

冬瓜

非常适合减肥，最近人气很高的传统蔬菜

遇到这样的情况怎么办？

· 结果少→在天气好的日子进行人工授粉。

· 果实被虫吃了→在地上铺稻草。

是否适合连作：不适合（需要间隔1~2年）。

花盆栽培要点：很难在花盆里栽种，但迷你品种还是可以栽种。在5月过后，气温已经升高的季节栽种。栽种方法和其他的葫芦科作物相同，种在深30cm以上的大型花盆里。选择已经有4~5片真叶的菜苗栽种。将蔓引到网上，如果蔓交织在一起了，就剪掉重合的部分。结果后一个月施两次追肥，每次施10g化肥。

主要营养素：钾、维生素C。

推荐食用方法：冬瓜本身没有味道，需要浇汁或做成汤。

●…播种　▲…栽苗　■…收获													
栽培日历		3	4	5	6	7	8	9	10	11	12	1	2
作业	寒冷地带			●▲—	—		■—							
	中间地带		●▲—	—		■—	—							
	温暖地带		●▲—	—	■—	—								

等到天气足够暖和后再种植

冬瓜原产于亚洲热带地区。其在夏季到秋季结果，属于夏季蔬菜，但非常耐储存，可以储存到冬天，所以叫作"冬瓜"。

冬瓜自古代就已经传入日本，在夏季到冬季都可以食用，用来做炖菜和汤都非常实用，广受喜爱。西式饮食成为潮流后，冬瓜曾经失宠过一段时间。最近作为低能量的减肥蔬菜，又回到了大众的视野中。

冬瓜适合在25~30℃的温度环境下生长。因为冬瓜必须要在高温环境下才能发芽，所以要等到天气彻底变暖的4月中旬以后再进行播种。或者先在花盆里播种，在保温环境下先进行育苗。西瓜也是如此，在栽苗到成活期间需要在垄上罩暖罩，以促进生长。此外还要注意控制浇水量，稍微少浇一些，这样可以让冬瓜的根扎得更深一些。冬瓜会长得很茂盛，所以需要比较大的栽培面积。在马鞍垄上栽苗，在200cm见方的田地里种植。

冬瓜没有什么改良品种，但有从果实重量1.5kg的迷你品种到10kg以上的品种。

1.播种、整理土壤、栽苗
培宽垄

在4月中旬~5月中旬，在花盆中播3粒种子，等到长出真叶后进行整枝，只留一枝主枝，在花盆里养苗，直到其长出4~5片真叶。栽苗前2周，在200cm见方的田地里按100~150g/m²的用量播撒石灰，栽苗前1周按2kg/m²的用量播撒堆肥和按30 kg/m²的用量播撒化肥，培马鞍垄，栽苗。和西瓜的种植方法一样，栽苗后盖上暖罩直至成活。

在直径9cm的花盆里用手指戳3个小坑，每个坑中放1粒种子。发芽、长出真叶后进行整枝，只留一根主枝。

2.栽培管理
注意不结果的情况

长出子蔓后，对母蔓进行摘心，只留5~6片真叶。留4根左右长势好的子蔓，对孙蔓留2片真叶后进行摘心。蔓长得很茂盛了之后在地上铺稻草。

开花后进行人工授粉，结果后在整片田里按30~40g/m²的用量施加化肥作为追肥。

授粉在雌花盛开的清早进行。

铺稻草

可以防止杂草生长、果实变脏和虫害。

3.收获（播种后过约80天）
开花后过30~40天收获

开花后过1个月左右可以收获。果实表面出现白色粉末时就是最佳收获期。但是也有的品种不长白色粉末，这种品种就要通过果实的大小和重量来判断是否可以收货。

病虫害防治

冬瓜对病虫害的抵抗性比较强，但可能会得疫病和霜霉病等。可以用铺稻草等防治方法，或在叶子生病后马上将其摘除。

用剪刀剪断果梗收获果实。

玉米

品尝到第一口鲜甜的玉米是种植人的特权

遇到以下情况该怎么办?

· 结果率不高→种植两列可提高授粉率。

· 结出的果实小→在适当的时候施以适量的肥料。

是否适合连作:不适合(需要间隔1年)。

花盆栽培要点:花盆培育较难。

主要营养素:维生素B_1和B_2、钾、膳食纤维、亚油酸。

推荐食用方法:无论是简单的煮玉米还是烤玉米都很好吃。当然,玉米汤也很好喝。

●···播种　▲···栽苗　■···收获

栽培日历		3	4	5	6	7	8	9	10	11	12	1	2
作业	寒冷地带			●			■						
	中间地带		●			■							
	温暖地带		●			■							

不同品种的玉米不可同时栽种

　　玉米的茎的顶端开雄花,茎的中端开雌花,是典型的雌雄异花植物。

　　玉米喜光照,适合生长的温度在25~30℃,因此在4月上旬~中旬可进行花盆播种,4月下旬~5月下旬可进行直接播种。

　　另外,玉米花是以风为媒介进行授粉的,如果将不同品种的玉米混种在一起,可能会因为杂交而体现不出品种的特性。

　　玉米具有很强的吸肥能力,是可以作为吸收土壤中剩余养分的"清理作物(农作物)"加入轮作中的。若肥料不足则结出的果实就小,因此需要在适当的时期追加肥料。

　　此外,玉米基本上是一株一根,因此可以除去腋芽,但拇指大小的腋芽可以当作玉米笋食用。

1.整理土壤

基肥要给足

在播种的两周前，需将石灰按100g/m²的用量均匀撒在田地中，翻土混合均匀。

在撒种的前一周，将堆肥（2kg/m²）、化肥（100g/m²）均匀撒在田地上，翻土混合均匀。

种植一列则垄宽为60cm，两列则垄宽为75cm，垄高为10cm。玉米的授粉是花粉从茎顶部的雄花处落入中部雌花的花蕊的过程，因此若种植两列可增加授粉率，结出更多的果实。

播种前两周撒石灰并且翻土混合均匀。

播种前一周播撒堆肥和化肥，并且翻土混合均匀。

2.播种

一个坑中撒3粒种子，直接播种

在4月下旬~5月下旬直接播种。

在垄上每隔30cm挖一个种植坑，一个坑中撒3粒种子。播种后轻轻用土盖上，再用手压实，最后浇足量的水。之后看到土干了就浇足量的水。

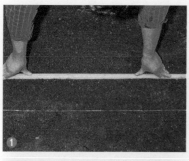

❶为了使幼苗整齐有序，株行边还应挖一条水沟。若是种植两行则需要两条水沟。

❷沿着水沟，每隔30cm在株行间戳一个凹坑，在每个凹坑里撒3粒种子。

❸轻轻盖上土，用手按压。

❹浇足量的水。

❺发出的芽。

3.疏苗
幼苗长到10cm高时进行疏苗，只留两株苗

幼苗长到10cm左右时，需要进行第一次疏苗。留下长势较好的两株，完成疏苗后轻轻盖上土，固定好幼苗。

摘除长势最差的一株，疏苗后用土盖好幼苗根部。

4.疏苗
幼苗长到20cm高时再次进行疏苗，只留一株苗

第一次疏苗后过约10天，幼苗长到20cm高左右时，每个坑里只留下一株长势最好的幼苗。

幼苗长到20cm高左右时进行第二次疏苗。每一个种植坑里只留一株幼苗。

5.追肥、培土
在第二次疏苗后进行

第二次疏苗后，在幼苗的根部施加化肥（30g/m²），再轻轻按实根部的土壤。

幼苗长到50cm高左右时，如果幼苗的根部长出腋芽，需在根部施加化肥（30g/m²），最后还要按实根部的土壤，防止幼苗歪倒。

第二次疏苗后，在幼苗的根部施加化肥（30g/m²），再轻轻将土堆到植株根部。

幼苗长到50cm高左右时，再次进行追肥和培土。

雄花

雌花

生着也可以吃的玉米笋是家庭菜园才能享受到的美味。

6.收获（播种后过80~85天）

玉米须变成褐色时就可以采摘

开花后过20~25天、播种后过80~85天，果实尖端的玉米须变成褐色时就是采摘的最佳时期。剪断玉米的根部便可采摘。

玉米不易保鲜，因此采摘之后请尽快食用。

玉米尖端的玉米须变成褐色时就可采摘。

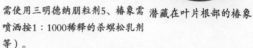

病虫害防治

玉米经常发生虫害，因此在雌花的顶部开始长出玉米须时就要喷洒药剂（蚜虫需喷洒按1∶100稀释的奥莱托液剂、玉米螟需使用三明德纳朋粒剂5、椿象需喷洒按1∶1000稀释的杀螟松乳剂等）。

潜藏在叶片根部的椿象

玉米果实尚小时容易成为鸟啄食的目标，因此应给玉米加盖一层细网防止鸟害。

可以用防鸟网覆盖整个植株，也可以只覆盖果实部分。

南瓜

无农药也能栽培，
无须耗费太多精力就能种好的强健的蔬菜

遇到以下情况怎么办？

· 枝繁叶茂但不结果实→减少肥料的供给。

· 果实被害虫啃食→在果实下面垫厚厚的一层稻草。

是否适合连作：适合。

花盆栽培要点：迷你南瓜可以用花盆栽培。在深30cm以上的大型花盆里，种植已长出4~5片真叶的幼苗。在盆的四角插入支架，间隔20cm分段拉线，用来牵引瓜藤。若是藤蔓混杂在一起，则需要进行修剪。结果之后需每半月施加10g的化肥。

主要营养素：胡萝卜素、维生素E、维生素C、膳食纤维。

推荐食用方法：红豆与南瓜一同烹制出的酱烧什锦素菜十分美味，南瓜饼布丁也很好吃。

红皮南瓜

鹿之谷

●…播种　▲…栽苗　■…收获

栽培日历		3	4	5	6	7	8	9	10	11	12	1	2
作业	寒冷地带		●	▲			■						
	中间地带		●	▲		■							
	温暖地带		●▲		■								

需要宽广的培植空间

　　南瓜原产于美洲中部，4月上旬~中旬播种，盛夏（7~8月）即可收获。

　　南瓜在果蔬之中属于非常强健的一类，抗病虫害能力强，因此可以实现无农药栽培。南瓜对土壤适应能力很强，在普通的田地里也能长得很好，但其藤蔓会一直生长，一株大致会结7~8个果实，因此需要宽广的培植空间。其实，不让藤蔓在地面上延展，将其引向篱笆或棚架也是可以的，下功夫去试试吧。

　　南瓜的种类大致分为三种：西洋南瓜、日本南瓜和西葫芦。西洋南瓜味甘甜、口感松软，也被称作板栗南瓜，栗惠比须、陀螺是代表品种。日本南瓜入口较黏，有菊座、黑皮、鹿之谷等品种。西葫芦不管是形状还是味道都与众不同。

1.播种

开春后在花盆里栽种，培养幼苗

在田地里直接播种也可以，但是南瓜的育苗较为简单，直接使用花盆种植即可。

4月上旬~中旬，在直径12cm的花盆里撒两粒种子，发芽之后进行疏苗，留下长势好的幼苗。

长出4片真叶后就可以进行移栽了。

花盆中放入营养土，挖出两个凹坑。每个坑里放入一粒种子，用土将种子轻轻盖上，再轻轻按压，最后浇水即可。

2.整理土壤、栽苗

注意不要施肥过度

移栽前两周在田地里撒石灰（100~150g/m²），翻土混合均匀。在移栽前一周培垄，垄宽90~100cm、高10cm。因为南瓜的藤蔓会不断生长，所以包括过道在内的总宽度应在200~250cm。

在垄中央挖一条深20cm的沟，填埋堆肥（2kg/m²）、化肥（50~60g/m²）、熔融磷肥（30~50g/m²）。此外可以铺设地膜以提高地面温度。

在没有晚霜的5月上旬进行移栽。植株间隔60~100cm，挖好种植坑进行移栽。

❶~❸移栽前一周，在垄中央挖沟填埋基肥。

❹~❻在地膜上开洞，挖好移栽用的种植坑、浇足量的水。等水被土壤吸收之后，将小苗从花盆里拔出，移栽到地里，然后浇水。

3.剪枝

留下母蔓和长势好的子蔓

藤蔓长长后，留下母蔓和长势好的两根子蔓，用刀切断或者用剪刀剪断其他子蔓即只留三根藤蔓。

只留下一根母蔓和两根子蔓。

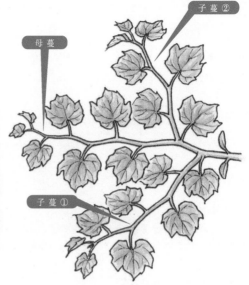

子蔓②

母蔓

子蔓①

4.人工授粉

雌花开了即可授粉

在雌花开花的当日清晨摘下雄花并取出雄蕊，将花粉蹭在雌蕊的柱头上进行授粉。请注意，若是错过清晨，花粉会失去应有的能力。

自然授粉可能会出现不结果的情况，人工授粉是栽培南瓜的要点。

雌花　雄花

花瓣下部略鼓的是雌花，细长的是雄花。

摘下雄花，去除花瓣、剥出雄蕊。

用雄蕊轻蹭雌蕊来授粉（清晨进行）。

5.追肥、铺稻草
根据生长情况适当施加追肥

在藤蔓开始快速生长之前铺设足量的稻草，以完全盖住地面为标准。这样可以防止雨水溅起带来的疾病感染和害虫带来的危害，此外还可以起到除杂草的作用。

果实长到拳头大小时，在整块田里均匀施加化肥（30~40g/m²），但是在藤蔓快速生长或叶色过深时，可能会因为氮元素过多而导致结果率不高，因此要控制追肥的量。

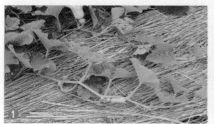

铺稻草直至看不见土壤（也可铺地膜）。

追肥可均匀撒在稻草上（若是地膜则需掀开后施肥）。

※在果实下面垫垫子更好。

6.收获（播种后过90~100天）
请留心收获时期

开花后过40~45天，当南瓜蒂裂开，变得像软木塞一样时就可以收获了。

南瓜可以长期保存。采摘后，在食用前可存放于通风好的阴凉处。

小南瓜

采摘时用剪刀从南瓜蒂处剪断。采摘后再放置几日可增加其甜度。

病虫害防治

南瓜是抗虫害能力较强的蔬菜，但也可能会得霜霉病。得病时需喷洒按1：1000～1：800稀释的卡利绿剂或按1：1000稀释的百菌清1000。

有时也会出现蚜虫、叶螨等害虫，发现了可用手摘除或喷洒按1：100稀释的黏液君液剂。

得了霜霉病的叶子。

密生西葫芦

开花后过一周便可采摘，用途多样的盛夏蔬菜

遇到以下情况怎么办？

· 结果率不高→在天气好的时候进行人工授粉。

· 果实过硬→在适当的时期进行栽种、尽早采摘。

是否适合连作： 适合。

花盆栽培要点： 在深30cm以上的大型花盆里栽种已长出2~3片真叶的幼苗。密生西葫芦需要一定的培育空间，因此栽种一株即可。结果之后需每半月施加10g的化肥。

主要营养素： 钾、胡萝卜素、维生素C。

推荐食用方法： 西葫芦与油是绝配，推荐用炒或炸的方式来烹调。

● …播种　　▲…栽苗　　■…收获

栽培日历		3	4	5	6	7	8	9	10	11	12	1	2
作业	寒冷地带			●	▲		■							
	中间地带		●	▲		■								
	温暖地带		●	▲	■									

需要一定的培育空间，栽种时要留够空间

密生西葫芦貌似黄瓜，口感似茄子。与南瓜（西葫芦）是近亲，人们通常食用其未成熟的果实。据说原产地为美国西部，之后传到了欧洲。密生西葫芦常用于意大利料理和法国料理中，最近被引进日本。

密生西葫芦也被称作"无藤南瓜"，不会长出藤蔓，从叶腋处伸出花梗开花。

栽培要选择光照好的场所。密生西葫芦对土壤无特殊需求。栽培时间为4月中旬~5月中旬，在花盆里播种，在没有晚霜的4月下旬以后进行移栽。在开花后过4~10天便可采摘。收获期间有1~2个月。

密生西葫芦每株都会占据大量空间，因此植株间距80~100cm为宜。

1.播种、整理土壤

育苗期为20~30天

　　4月中旬到5月中旬在每一盆里撒两粒种子。等到发芽长出嫩叶时，可进行疏苗，留下长势好的幼苗。

　　在移栽前两周，将石灰按100g/m²的用量均匀撒在田地里，翻土混合均匀。在移栽前一周，将堆肥（2kg/m²）、化肥（100g/m²）均匀撒在整块地里，翻土混合均匀。

　　花盆里加入营养土，并挖出两个小凹坑。每个坑里放置一粒种子，盖上土后轻轻按实，最后浇水。

病虫害防治

　　密生西葫芦受的虫害多为蚜虫。发现了立即用手将虫去除，或喷洒按1：100稀释的奥莱托液剂。若为霜霉病则需喷洒按1：1000稀释的百菌清1000。

图中叶子上的白斑是西葫芦特有的花纹，不是病状。

2.栽苗、追肥

在无晚霜之后进行移栽

　　5月上旬后培垄，垄宽120cm，盖地膜，选取长出4~5片真叶的幼苗进行移栽，每株间距80~100cm。

　　结果之后，每月追加1~2次化肥（30~50g/m²）。

　　在移栽和土壤干旱时一定要浇上足量的水。

　　在地膜上开洞，挖坑并浇水，之后进行移栽。移栽后轻轻培土并按实，浇足量的水。

3.收获（播种后过约80天）

请在果实没有长得太大时进行采摘

　　开花后过4~10天，果实长度为20~25cm时便是收获的最佳时期。若是错过这个时期，果实便会逐渐变硬。

　　此外，含苞待放的花骨朵被称作西葫芦花，可在花苞里塞食材做料理食用。

苦瓜

**具有独特的苦味和口感，
越吃越上瘾的健康蔬菜**

遇到这样的情况怎么办？

· 不发芽→将种子泡在水里一天一夜。

· 果实变成橙色→这是完全成熟的表现，要收获未成熟的果实。

是否适合连作：不适合（需要间隔3~4年）。

花盆栽培要点：在深30cm以上的大型花盆里栽种已经长出4~5片真叶的小苗。将藤蔓牵引到网上，枝叶混杂在一起时就进行修剪。结果后每半个月施一次化肥，每次10g。

主要营养素：维生素C、膳食纤维、胡萝卜素、钾、苦瓜素。

推荐食用方法：苦瓜炒豆腐或者凉拌苦瓜都很好吃。

●…播种　▲…栽苗　■…收获

栽培日历		3	4	5	6	7	8	9	10	11	12	1	2
作业	寒冷地带		●	▲			■						
	中间地带		●			■							
	温暖地带		●	▲		■							

引蔓到网上还可起到夏季遮阴的效果

　　苦瓜原产于亚洲的热带地区。瓜如其名，清爽的苦味和有嚼劲的口感是它的特征。苦瓜非常耐热，日本以前只在冲绳和九州地区有流通，但现在作为"消暑良品"已经在全国范围普及了。

　　4月下旬~5月上旬播种，7~9月收获。栽培时间比较长，可以多施有机肥［如鸡粪（150g/m²）］。

　　在酷暑时节长势非常好。病虫害相对来说比较少，是非常适合在家庭菜园里种植的蔬菜。其对土壤的适应性很强，不过还是应该选择排水性比较好的土壤。另外，苦瓜藤会攀爬到别的物体上，引蔓到网上还可起到夏季遮阴的效果。

　　各个地区都有独特的苦瓜品种，以形状和颜色分类，有青长、青中长、白长、白中长等品种，也有短小的纺锤形品种。

1.播种、栽苗

在花盆里育苗

在直径9cm的花盆里种2粒种子，盖上土后浇足量的水。育苗到长出真叶后进行疏苗，只留下长势好的那株小苗。5月中旬左右，长出4~5片真叶后即可进行移栽。

移栽前两周按100g/m²的用量在整片地里撒石灰并翻土混合均匀，移栽前一周分别按2kg/m²和100g/m²的用量在整片地里播撒堆肥和化肥并翻土混合均匀。培垄，垄宽120cm、高15cm，植株间距40~50cm。

在土里挖两个小坑，将在水里浸泡了一天一夜的种子种在花盆里，一个坑里种一粒。育苗到长出真叶后进行疏苗，只留下长势好的那株小苗。

2.搭架、追肥

每个月施1~2次追肥

尽早搭架、引蔓比较好。搭三根支架，在上方合拢，将蔓轻轻绑在支架上。

长出果实后每个月施1~2次追肥，按30g/m²的用量施加化肥，将化肥施在植株周围。

搭三根支架，在上方合拢，引蔓到支架上。追肥要施在植株周围或垄的两侧。

3.收获（播种后过90~100天）

未成熟的果实和完全成熟的果实都很好吃

每个品种的收获时机不同，中长品种的果实长到25~30cm长，长品种的果实长到30~35cm长就可以收获了。这时候收获的是未成熟的果实。

完全成熟的果实也可以食用。成熟之后种子周围就会变成红色果冻状，会变得和野木瓜一样甜。

成熟之后种子周围会变甜。

用剪刀剪断果梗进行收获。

> **病虫害防治**
>
> 苦瓜是病虫害比较少的蔬菜，但是夏季可能会招蚜虫。发现蚜虫之后马上用手摘除，如果还是担心，可以喷洒按1∶100稀释的杀虫剂奥莱托液剂或按1∶1000稀释的杀虫剂马拉松乳剂。

| 葫芦科 | 难度 ★★☆☆☆ |

白瓜

**最适合用来腌渍或炖煮，
是甜瓜的近亲，但白瓜不甜**

遇到这样的情况怎么办？

· 结果率不高→在天气好的时候进行人工授粉。

· 果实被虫啃食→铺稻草。

是否适合连作：不适合（需要间隔1~2年）。

花盆栽培要点：可以花盆栽培，但难度较大。和其他葫芦科作物一样，在深30cm以上的花盆里栽种已经长出4~5片真叶的小苗。将蔓引到网上，混杂在一起的枝叶要修剪干净。结果后每个月施两次化肥，每次10g。

主要营养素：钾、膳食纤维。

推荐食用方法：腌渍（盐渍、酱渍）的白瓜很好吃。

●…播种　▲…栽苗　■…收获

栽培日历		3	4	5	6	7	8	9	10	11	12	1	2
作业	寒冷地带		●	▲		■							
	中间地带		●	▲		■							
	温暖地带		●	▲	■								

果实长到20~40cm长就可以收获了

4月上旬~5月中旬在花盆里播种3~4粒种子，长出真叶后进行疏苗，只留一株小苗，长出4~5片真叶后进行移栽。

移栽前两周在地里撒石灰，用量为100g/m²，培垄，垄宽60cm、高10cm。移栽前一周在垄的中央挖一条稍微深一点的沟，埋堆肥（2kg/m²）、化肥（100g/m²）。移栽，植株间距60cm，浇足量的水。

长出子蔓后，对母蔓进行摘心，只留5~6片真叶。子蔓从根部向上数第二条开始留下4根左右，对孙蔓进行摘心，只留

两片真叶。藤蔓长得很茂盛之后在垄的两侧按30g/m²的用量施加化肥作为追肥，铺稻草。第二次追肥在子蔓长出垄时进行。开花后进行人工授粉（参考第90页的南瓜）。果实长到20~40cm长，直径为5~6cm时就可以进行收获了。

白瓜对病虫害的耐性也比较强，但如果生长环境湿度太高，就容易生露菌病或霜霉病等。可以采用铺稻草等防治措施，发现生病的叶片就马上摘除。

葫芦科　　　　　　　　　　　　　难度★★☆☆☆

丝瓜

丝瓜瓤用来洗碗，嫩果实用来食用，茎中流出的液体可以用来做化妆水

遇到这样的情况怎么办?

· 结果量少→认真浇水。

· 食用时纤维过硬→收获开花后过约10天的嫩果实。

是否适合连作：不适合（需要间隔1~2年）。

花盆栽培要点：在深30cm以上的大型花盆里栽种已经长出4~5片真叶的小苗。将藤蔓引到网上，混杂在一起的枝叶需要修剪。结果后每月施两次化肥，每次10g。

主要营养素：胡萝卜素、维生素K、钙（骨、牙的成分）、铁（红细胞的成分）。

推荐食用方法：趁嫩收获，推荐剥皮后用味噌来炒。

丝瓜的播种（花盆栽培）。

●…播种　▲…栽苗　■…收获

栽培日历		3	4	5	6	7	8	9	10	11	12	1	2
作业	寒冷地带		●	▲			■						
	中间地带		●	▲		■							
	温暖地带		●	▲			■						

开花后过约10天收获的果实可以食用

播种、栽苗等栽培方法和白瓜相同（栽种时期参考栽培日历）。推荐从市面上直接购买商品苗。植株间距90cm。

藤蔓长到50~60cm长时在植株周围施用量为30g/m²的化肥作为追肥。藤蔓会越长越长，所以要搭架或搭网引蔓，或者让藤蔓爬到架子上。果实长大后进行第二次追肥，之后大约每两周进行一次追肥。

如需食用，就在开花后过约10天进行收获（盛夏时节则为7~8天）20~30cm长的嫩果实。如果是作为洗碗的刷子，则在开花后过40~50天收获完全成熟的果实。

要做化妆水的话，就在果实成熟的9月收集。从距离根部30~60cm的位置开始剪断藤蔓，将藤蔓切口插入消过毒的瓶子中。一晚大概能从一株丝瓜的藤蔓中收集到2L的化妆水。

丝瓜没什么特别的病虫害，可以进行无农药栽培。

草莓

栽培起来颇费工夫，
但收获时乐趣无限

遇到这样的情况怎么办？

· 果实发霉→摘掉生病的果实，喷洒药剂。

· 果实结在垄侧→将匍匐茎的朝向摆成朝向垄内。

是否适合连作：不适合（需要间隔1~2年）。

花盆栽培要点：在深15cm以上的花盆里间隔20cm栽苗（最好选择露天栽培的品种），注意要栽得浅一些。浇足量的水。统一匍匐茎的方向是一个重点。1月上旬~2月中旬在植株根部施10g化肥，轻轻培土。之后每个月施一次追肥，方法同上。5月中旬~6月中旬，果实成熟后就及时收获。

主要营养素：维生素C、膳食纤维、钾、叶酸、花青素。

推荐食用方法：收获后趁新鲜食用是最好吃的，不过做成果酱就可以长期保存了。

●···播种   ▲···栽苗   ■···收获

栽培日历		3	4	5	6	7	8	9	10	11	12	1	2
作业	寒冷地带				■			▲					
	中间地带			■					▲				
	温暖地带		■						▲				

家庭菜园适合种植露天栽培品种

草莓原产于南、北美洲。成熟的红色果实是其可供食用的部分，但准确来说，看起来像种子的小颗粒才是草莓的果实，而大多数人以为的"果实"其实是草莓的"花托"（在花柄的顶端，支撑花朵的基础部分）。

草莓喜欢17~20℃的凉爽气候，需要在排水性强、但同时具有一定的保水性和透气性的肥沃土壤里种植，田地的光照条件也要好。草莓不耐热、不耐干，耐寒，下雪也不会枯萎。

只要满足秋~冬的低温短日（昼短）条件就会长出花芽，之后只要满足高温长日（天气暖和，昼长）就会开花、结果。

初夏时节，从植株本体上长出的茎上会生出子株，可以将其剪断，作为新苗栽培。

草莓的品种多种多样。水果店等市场上卖的草莓都是大棚栽培的品种，不过家庭菜园也有能种植的品种。

1.整理土壤
施足量的基肥

移栽前两周，在田地里以每平方米100g的用量撒上石灰，翻土混合均匀。移栽前一周，分别以每平方米3kg、100g、40g的用量在整块田里施堆肥、化肥和熔融磷肥，用锄头等工具仔细翻土混合均匀。

移栽前培垄，垄宽60~70cm、高15~20cm。

撒石灰后过一周，开始施堆肥。　加入化肥和熔融磷肥，仔细翻土混合　培垄，垄宽60~70cm、高15~20cm。
均匀。

2.栽苗
让花房朝向垄外侧

10月中旬~11月上旬，购入叶色深而结实的小苗，植株间隔30cm，种植两列。

栽苗的要点是栽得浅一点，将长出叶片的嫩枝根部轻轻埋在土里即可，花房（长在匍匐茎的对面）要朝向通道一侧（垄外侧），或者让花房朝向光照条件好的一侧。

栽好之后浇足量的水。

匍匐茎的痕迹

❶株间隔30cm,挖出种植坑，花房会长在匍匐茎的对面，所以栽苗时要让匍匐茎朝向垄的内侧。
❷浇足量的水。
❸❹水被吸收之后，将小苗浅浅地栽在土里，轻压根部土壤，浇足量的水。

3.中耕、追肥
果实开始长大后就要施液肥了

当小苗开始扎根后，繁缕等耐寒的杂草就开始出现了。冬季需要进行1~2次除草及中耕（对植株周围的土壤进行浅层翻倒，疏松表层土壤）作业。

1月下旬~2月上旬，在两列植株的空隙处施加追肥，进行中耕。果实开始长大后，使用液肥会更具效果。

将杂草清理干净。

枯叶也要清理干净。

在两列植株的空隙处施加追肥。

将土壤混合均匀。

4.铺设地膜
气温开始变低后再进行铺设

在2~3月的时候铺设黑色的地膜，就能使地温上升，加速植株的生长，促使植株更早开花。另外，还能起到除杂草的效果。

在铺设地膜之前要将枯叶和病叶都清理干净。

在植株上方铺设地膜（❶），用手指在地膜上抠出小洞，让植株露出地膜（❷）。抠出的小洞尽量要小一点（❸）。

5.收获（栽苗后过约200天）
5月中旬以后开始迎来收获期

栽苗后过约200天，开花后过30~40天，也就是5月中旬到6月中旬就迎来收获期了。按顺序用手摘取红色的、已经成熟的果实。如果果实有被鸟啄的情况，可以在整个垄上罩上防鸟网。

用手摘取红色的、已经成熟的果实。

6.分株
分株培育下一年用的小苗

进入收获期后，匍匐茎的前端会长出子株，将子株与母株分离，子株可以作为下一年用的小苗。

推荐在花盆里进行育苗，这种做法非常简单，很少会失败。将长大的子株种到装有培养土的花盆中，在匍匐茎上压上重物固定。几天之后就会生根，然后就可以在距离子株2~3cm的地方将匍匐茎剪断了。

将连着匍匐茎的子株种植到花盆里，在匍匐茎上压上重物。生根后就可以在距离子株2~3cm的地方将匍匐茎剪断了。

病虫害防治

只要栽种的是没有感染病虫害的健康苗，就不用太担心会出现病虫害。但有时也会出现霜霉病，这时候可以用按1：1000~1：800稀释的杀菌剂卡利绿剂®进行治疗。如果出现收获期导致果实腐烂的灰霉病，就用按1：800稀释的卡利绿剂®或者按1：800稀释的正侧®水溶剂80进行治疗。

蚜虫用按1：100稀释的奥莱托®液剂，叶螨用按1：1000稀释的螨太郎®或者按1：2000稀释的马拉松®在初期进行治疗。

西瓜

对于初学者有点难，但它是令人很想挑战的夏季风物

遇到这样的情况怎么办？

· 果实长不大→在适当时期进行摘果和追肥。

· 不结果→进行人工授粉。

是否适合连作： 不适合（需要间隔3~4年）。

花盆栽培要点： 可以在花盆里栽培小型品种的西瓜。在深30cm以上的大型花盆里栽苗，然后在小苗周围插支架，搭灯笼架。开始长出果实后施10g化肥。注意不要让西瓜缺肥，植株没什么精神时就要适当进行追肥了。土干后浇足量的水。一株西瓜大概能收获两个果实。

主要营养素： 维生素C、钾、瓜氨酸、番茄红素。

推荐食用方法： 将西瓜皮的白色部分用味噌腌渍一下也很好吃。

小型品种

●…播种　▲…栽苗　■…收获

栽培日历		3	4	5	6	7	8	9	10	11	12	1	2
作业	寒冷地带			▲—			■—						
	中间地带						■						
	温暖地带		▲—			■—							

在光照和排水条件好的田地里栽培

西瓜原产于非洲中南部。清爽多汁的口感和甜味使得西瓜成为夏季的一种风物，广受人们喜爱。对于初学者来说，栽培起来可能有点难，不过小型品种栽培起来会容易一点，可以挑战一下试试。

西瓜对土壤的适应性很强，对酸性土壤和干燥的土壤也比较耐受，但不能连作。需要在3~4年内没有种过葫芦科作物的土地里进行栽培，同时还要选择光照和排水条件好的田地。

5月上旬至中旬栽苗，7月下旬至8月就可以收获了。最好选择对疾病抗性较强的嫁接苗，这样栽培起来会容易一些。另外，西瓜喜好高温，在栽苗之后、扎根之前，可以给每一株西瓜苗罩暖罩，以促进生长。

1.整理土壤、栽苗

罩上暖罩，促进生长

　　西瓜适合种植在圆形的马鞍垄上，每个垄上种植一株。

　　栽苗前两周，在田地里撒石灰，用量为150g/m²，翻土混合均匀。栽苗前一周，划分垄的范围，垄宽为200cm，在正中间挖30cm深的坑，施2kg堆肥、30g化肥、15g熔融磷肥，然后做成马鞍垄。

　　5月上旬至中旬，将小苗浅浅地移栽进垄，扎根之前都要罩暖罩。

高20~30cm

垄宽为200cm，在正中间挖30cm深的坑，施基肥。将挖的坑填好，从周围向中心堆出圆形的垄，做成马鞍垄。

在马鞍垄的正中央挖出种植坑，浇足量的水。水被土壤吸收后种一株小苗，将种植坑重新埋好，轻压植株根部的土壤。

2.剪枝

只留3~4条枝

　　长出5~6片真叶后，就对藤蔓的顶端进行摘心。长出子蔓后，留下3~4条长势好的子蔓，将其他的子蔓全部剪掉。将新长出的子蔓和孙蔓引到田地的空处，让藤蔓扩展开。

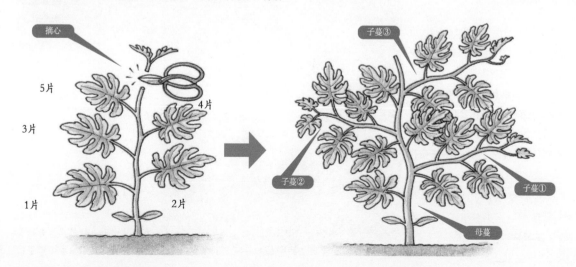

摘心

5片
3片
1片
4片
2片

子蔓③
子蔓②
子蔓①
母蔓

3.人工授粉

在晴朗的早晨进行

开花后找出长度在18节以上的藤蔓的顶端开的第一朵雌花，将雌蕊的柱头在雄花的雄蕊上磨蹭，进行人工授粉。

将授粉日写到便签纸上并系在藤蔓上，就能大概推算出收获的时间来提醒自己了。

虽然虫子也有可能帮助授粉，但是人工授粉更能保证成功。

❶花朵下方部分（子房）鼓起来的是雌花。

❷花朵下方部分比较细的是雄花。

❸摘掉雄花，将雄蕊在雌蕊的柱头上轻轻磨蹭。

❹将授粉日写到便签纸上并系在藤蔓上。

4.摘果、铺稻草、追肥

只留2~4个果实，其余摘掉

我们的目标是一株西瓜苗收获2~4个西瓜。为了让收获的西瓜长得比较大，需要摘除其他果实。

在整片田地上铺稻草，开始长出果实后，在垄的周围施化肥（30g/m²）。如果结果之前就施追肥，容易出现只长蔓不长果的情况，所以要在开始长出果实后再进行追肥。

之后就根据西瓜的生长情况选择时机进行追肥。当植株没什么精神的时候，就适当地施一些追肥。

在果实下面垫泡沫板等，不让果实直接接触地面。

在整片田地上铺稻草，开始长出果实后就可以施加追肥了。

5.除草
为了让果实长得更大，需要进行除草

杂草太茂盛会影响植株的光照，还会抢夺养分，可能会导致果实长不大或者品质低下等。

藤蔓前方生出杂草时，需要仔细进行清理，同时铺设稻草的工作也要切实进行。

杂草需要仔细进行清理。

没有及时除草而杂草丛生的西瓜田。

6.收获（栽苗后过90~100天）
开花后过35~40天就进入收获期了

都说西瓜可以根据外观和敲打果实的声音判断成熟度，但用这种方法很难做出准确的判断。所以我们可以根据时间推算出大致的收获期，如开花后过35~40天，或每日平均气温合计达到900~1000℃，就可以进行收获了。

用剪刀剪断果梗进行收获。

> ### 病虫害防治
>
> 西瓜容易因为过潮生病，所以要注意田地的排水，以及雨天连绵的时期。西瓜主要会得的病有炭疽病，表现为叶片上出现圆形纹路后枯萎；以及霜霉病，表现为生白色霉斑。炭疽病要喷洒按1：800～1：400稀释的比斯达森TM水溶剂，霜霉病要喷洒按1：1000～1：800稀释的卡利绿剂。
>
> 蚜虫和叶螨也会出现，发现之后要马上进行驱除，也可以喷洒药剂进行防治（蚜虫用按1：100稀释的奥莱托液剂，叶螨用按1：1000稀释的螨太郎）。

荷兰豆

晚秋播种，
春至初夏收获

遇到这样的情况怎么办？

· 没能越冬就枯萎了→在合适的季节进行播种。

· 果实上长出白色纹路→防治豌豆彩潜蝇。

是否适合连作：不适合（需要间隔4~5年）。

花盆栽培要点：在深15cm以上的花盆里栽已经长出3~4片真叶的菜苗，植株间距20~25cm，浇足量的水（之后等到土开始干时再浇水）。早春时菜苗长到20cm左右，就可以插高2m左右的支架，进行引蔓。在根部施10g化肥作为追肥，加入新土。在支架间拉网，引蔓攀爬。开始结果后再次追肥，在合适的时期进行收获。

主要营养素：维生素C、胡萝卜素、铁、叶酸、膳食纤维。

推荐食用方法：常作为拉面的配菜。做成炖菜、炒菜也好吃。

白花

红花

●···播种　▲···栽苗　■···收获

栽培日历		3	4	5	6	7	8	9	10	11	12	1	2
作业	寒冷地带	●	▲		■								
	中间地带		■						●	▲			
	温暖地带		■						●	▲			

小苗耐寒，要让荷兰豆以小苗的状态越冬

荷兰豆原产于地中海沿岸和亚洲西部，适合在15~20℃的温度下生长，适合越冬栽培。播种的时期非常重要。晚秋（10月中旬~11月上旬）播种，4~5月收获。但是要注意如果太早播种，在冬天之前菜苗就长到40~50cm长，荷兰豆就会因为寒冷而枯萎。

另外，荷兰豆非常害怕连作，在酸性土壤中难以健康生长。所以必须要在4~5年没有栽培过荷兰豆的田地里栽种，并且要用石灰调节土壤的酸碱度。

荷兰豆发芽时容易被鸟偷吃，可以盖不织布等进行栽培。

荷兰豆有各种品种。如要趁果实长大之前食用嫩荚的"食荚豌豆"，荚和果实都一起食用的"豌豆"，还有植株比较低的无蔓品种等。

1.播种

注意不要太早播种

在晚秋（10月中旬~11月上旬）播种，在花盆里育苗。

在直径9cm的花盆里种4粒种子，浇水。育苗至长出2~3片真叶。

也可以直接在田地里播种。直接在田里播种的话，要在

植株间留出30cm的间距，一个坑里点播4~5粒种子（培垄参考第110页的"3.整理土壤、栽苗"）。荷兰豆发芽时容易被鸟偷吃，最好在地上盖不织布等。

在直径9cm的花盆里装培养土，戳出4个小坑，每个坑里种1粒种子，盖上土后浇足量的水。

2.疏苗

长出真叶后只留3株苗

等到发芽并长出真叶后只留3株苗，拔掉1株苗。等到长出2~3片真叶后，将菜苗移栽到田里。

直接播种的话，等到长出3~4片真叶后将土壤轻轻堆到植株根部。另外，在植株根部铺稻草还可以防止干燥和低温。

选择长势好的菜苗，拔掉1株苗。
长出3~4片真叶后进行移栽。

3.整理土壤、栽苗
用石灰调整土壤的酸碱度

荷兰豆不适合在酸性土壤里种植，需要用石灰来调整土壤的酸碱度。

在栽苗前2周，按每平方米150~200g的用量施加石灰后与土壤混合均匀，再按2kg/m²的用量施加堆肥和按50g/m²的用量施加化肥在地里，与土壤混合均匀。

培垄，垄的宽度为100cm，高度为10cm；植株间距30cm，垄的间距为60cm，种植两列作物。栽苗后浇足量的水。

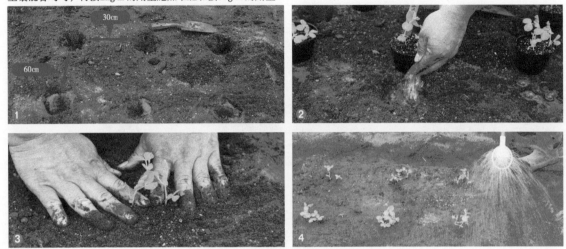

❶❷植株间距30cm，垄的间距为60cm（种植两列），在垄上挖出种植坑，浇足量的水。
❸❹水被土壤吸收后，将小苗栽种到坑中，用手轻轻压实土壤，浇足量的水。

4.防寒对策
插细竹

在严寒的12月下旬~次年2月，为了除霜防寒，应该在垄的北侧或西侧插细竹。

次年2月左右，细竹枯萎后就可以拔掉了。

在垄的北侧或西侧插高50cm左右的细竹。铺上不织布或装上拱形的冷布也可以起到防寒效果。如果用的不织布或冷布，就在开始长新芽的3月取掉。

5.搭架、追肥

搭架、引蔓

进入次年2月蔓逐渐长长后，就可以拔掉细竹，在垄的周围插上支架了。在支架上拉绳，引蔓后用绳子轻轻绑住。也可以在支架周围拉网，让蔓爬到网上。在植株根部按30g/m²的用量施加化肥，培土。

① 在垄的周围插上支架，在支架上拉绳。　② 引蔓到绳子上后轻轻绑住。

③ 之后，根据蔓的生长情况引蔓到上面的绳子上。

6.收获（播种后过约180天）

果实开始鼓起来后就可以收获了

荷兰豆在果实开始鼓起来后就可以收获了。

豌豆在豆荚开始鼓起来的时候就可以收获了。

在开花后过35天左右，豆荚表面开始出现小皱纹的时候是收获的最佳时期。

以上几种豆如果收获晚了，果实都会变硬，所以要注意在最佳时期收获。

剪梗收获。

病虫害防治

在春天荷兰豆容易被豌豆彩潜蝇的幼虫啃食（将叶片啃出洞，看起来像在画画），发现这种虫害的痕迹，就将杀虫剂马拉松乳剂按1:1000稀释后喷洒。对霜霉病用按1:1000～1:800稀释的卡利绿剂，对褐纹病用按1:2000～1:1000稀释的杀菌剂本雷托水溶剂。

另外，春季叶片和茎变黄枯萎的话就是连作危害。

豆科	难度 ★★☆☆☆

扁豆

短期可栽培很多次，栽培非常方便的营养蔬菜

遇到这样的情况怎么办？

· 不结果→控制含氮肥料用量。

· 开花后花会掉→认真、仔细地浇水。

是否适合连作：不适合（需要间隔3~4年）。

花盆栽培要点：在深30cm以上的大型花盆里挖间距20~25cm的深2cm、直径5cm的小坑，一个坑中种3粒种子。稍微多盖一些土，浇足量的水。长出2~3片真叶后拔掉1~2株小苗，长到20cm左右高搭架、引蔓，在植株根部施10g化肥。开花后过10~15天收获嫩荚。

主要营养素：胡萝卜素、膳食纤维、维生素B族、天门冬氨酸、外源凝集素。

推荐食用方法：推荐和土豆一起炖煮食用。

无蔓品种

摩洛哥扁豆

●…播种　▲…栽苗　■…收获

栽培日历		3	4	5	6	7	8	9	10	11	12	1	2
作业	寒冷地带			●		■							
	中间地带			●	■			无蔓品种					
	温暖地带		●		■								

干燥容易导致掉花和叶螨泛滥，注意浇水

　　扁豆原产于美洲中部，据说是在江户时代隐元禅师东渡日本时传至日本。

　　扁豆适合在20~25℃的环境下生长，在豆类植物中属于比较喜好高温的。但是注意在30℃以上和10℃以下的环境下，其长势会变差。另外，扁豆喜欢光照，但如果土壤干燥会容易掉花，还会更容易生叶螨，要注意多浇水。

　　短期内可以栽培、收获很多次。有植株较矮的无蔓品种以及蔓很长的有蔓品种，推荐初学者栽培比较容易种植的无蔓品种。另外，豆荚的形状有圆的，也有扁的。

1.整理土壤

用石灰调整土壤酸碱度

扁豆容易出现连作危害，所以应该选择3~4年没有种植过扁豆的田地进行种植。另外，扁豆也不喜欢酸性土壤，所以应该根据实际情况用石灰调整土壤酸碱度。

在播种前2周，按每平方米150~200g的用量在整块田地里撒石灰并与土壤混合均匀。

在播种前1周为培垄做准备，拉两根绳子确定垄的宽度为60~75cm，按2kg/m²的用量施加堆肥和按100g/ m²的用量施加化肥，与土壤混合均匀。

移栽2周前，播撒石灰仔细翻土。

移栽1周前，施堆肥和化肥并仔细翻土。

2.播种

6月上旬前播种完毕即可

直接在地里播种的话，5月上旬~6月上旬是播种的最佳时期。

垄的宽度为60~75cm（种植两列的话就是90~100cm），高度为10cm，每间隔30cm挖一个小坑，一个坑里种3粒种子。

播种后浇足量的水。

在花盆里播种的话，4月中旬是最佳时期。在直径10.5cm的花盆里装培养土，种3粒种子后浇足量的水。

❶❷在垄的两侧拉两根绳子，沿着绳子每间隔30cm挖一个小坑。

❸❹一个坑里种3粒种子。盖上土后轻轻压实，浇足量的水。

3.疏苗

长出真叶后只留两株小苗

播种10~15天长出真叶后进行疏苗。只留长势好的两株小苗。

拔掉的那株小苗也可以移栽到没有发芽的地方继续种植。

播种后过10~15天就会长出真叶了。这时候要进行疏苗，只留长势好的两株小苗。

4.搭架、引蔓

搭架，防止倒伏

对无蔓品种要垂直插1m左右的支架以防植株倒伏。

对有蔓品种要搭"人"字架，将蔓用绳子绑在支架上。

长势茂盛的扁豆（有蔓品种）。

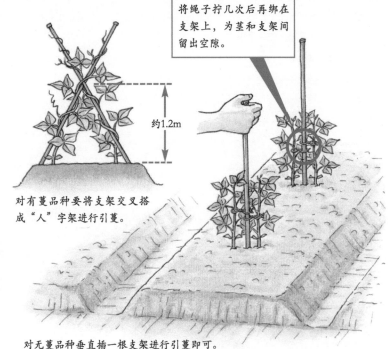

约1.2m

对有蔓品种要将支架交叉搭成"人"字架进行引蔓。

将绳子拧几次后再绑在支架上，为茎和支架间留出空隙。

对无蔓品种垂直插一根支架进行引蔓即可。

5.追肥

在植株长到20~30cm高时施第一次追肥

　　在植株长到20~30cm高时施第一次追肥。在植株周围按30g/m²的用量施加化肥，轻轻将土堆到植株根部。

　　第二次追肥要在收获期施加。在植株周围按30g/m²的用量施加化肥，轻轻将土堆到植株根部。

　　如果施的化肥含氮太多，扁豆有可能会不结果。追肥量要根据植株的生长情况调整。

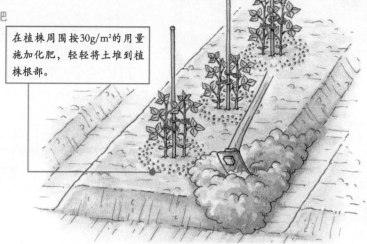

在植株周围按30g/m²的用量施加化肥，轻轻将土堆到植株根部。

6.收获（播种后过约60天）

豆荚刚开始鼓起来的时候是最佳收获期

　　无蔓品种在开花后过10~15天就可以收获了。嫩豆比较软，会更好吃，所以应该在豆荚还没有完全鼓起来前就收获。

　　有蔓品种等豆荚鼓起来一点再收获也很好吃。

无蔓品种的豆荚刚开始鼓起来的时候是最佳收获期。

有蔓品种可以等豆荚稍微鼓起来一点再收获。

病虫害防治

　　扁豆比较少有病害，但会出现虫害。

　　出现蚜虫和叶螨可以将杀虫剂马拉松乳剂按1：2000稀释或将黏液君液剂按1：100稀释后喷洒进行驱虫。

　　另外，扁豆在刚开始发芽时容易被鸟偷吃，在真叶长出来前可以铺不织布或者拉防鸟网。

毛豆

**夏季人气爆款，
新鲜采摘的更是十分美味**

遇到这样的情况怎么办？

· 豆荚里没有豆子→开花期时注意防治螨虫。

· 结果少→控制含氮肥料用量。

是否适合连作： 不适合（需要间隔3~4年）。

花盆栽培要点： 在深30cm以上的大型花盆中间隔20cm种植长有两片真叶的小苗，浇足量的水。之后看到土壤干燥再浇水。等到真叶开始长大后，将土堆高到两片叶子的下方，稳定小苗。开花后在小苗根部施10g化肥，用土埋好。结完果后，将植株连根拔起进行收获。

主要营养素： 蛋白质、维生素B_1、维生素C、膳食纤维、胡萝卜素、蛋氨酸。

推荐食用方法： 笔者喜欢吃煮得老一点的毛豆，因为笔者的老家是秋田，所以经常会用毛豆来做豆打馅饼。

花

黑豆、褐豆、毛豆

●···播种　▲···栽苗　■···收获

栽培日历		3	4	5	6	7	8	9	10	11	12	1	2
作业	寒冷地带			●		■							
	中间地带		●			■							
	温暖地带		●		■								

适宜收获的时间只有一周左右，要注意及时收获

毛豆其实就是未成熟的黄豆。毛豆富含蛋白质，还富含黄豆没有的维生素C、胡萝卜素等，是一种营养价值极高的蔬菜。

刚摘下来的新鲜毛豆是最好吃的，推荐大家尝试栽培一点。刚摘下来的毛豆煮熟后是最佳的啤酒拍档，在夏季是极具人气的佐酒小菜。

黄豆原产于中国东北部，适合生长的气温是20~30℃，喜好高温，昼夜温差越大味道越好。在贫瘠的土地上也可以栽培，但如果土壤持续干燥，就会出现空荚的情况。

适宜收获的时间只有5~7天，因此要注意及时收获。

1.整理土壤

播种前两周撒石灰

　　播种前两周，按每平方米100g的用量在田里撒石灰，与土壤混合均匀。

　　播种前一周，按60cm的宽度拉绳，在两根绳子的中央地

　　带挖15cm深的沟，按2kg/m²的用量施加堆肥和按50g/m²的用量施加化肥，埋好肥料后堆10cm的垄。

按60cm的宽度拉绳，在两根绳子的中央地带挖15cm深的沟，沟里埋堆肥和化肥，堆10cm的垄。

2.播种

一个坑中种3粒种子

　　播种要在4月中旬左右进行，这样可以减少虫害。

　　在垄上挖种植坑，坑与坑间隔20cm，一个坑中种3粒种子。

　　埋好种子后浇足量的水，之后看到土壤干燥就浇水（但要注意不能浇水过量，否则可能会烂根）。

　　在花盆里播种的话要在4月上旬进行，育苗到长出2片真叶后再移栽到地里。

一个坑中种3粒种子。盖柔软的土后用手轻轻压实，浇足量的水。

3.铺不织布
防止鸟害

　　刚发芽长出的两片嫩叶很容易被鸟偷吃。如果不加以防范就会被鸟吃掉。在真叶长出来前应该铺不织布，或设置拱形的冷布，保护小苗。

　　铺不织布的方法和铺地膜一样，铺设不织布可以防止小苗被鸟偷吃（❶❷）。也可以设置拱形的冷布（❸❹）。

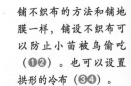

4.疏苗、培土
只留两株长势好的小苗

　　开始长出真叶后，就可以取下无纺布或冷布了。

　　留下长势好的两株小苗，拔掉一株。疏苗后培土，将土堆高到两片嫩叶下方。

只留两株长势好的小苗，疏苗后培土。

5.追肥、培土
控制含氮化肥

开花后施追肥。在植株根部按20g/m²的用量施加化肥，培土。

但是要注意如果化肥中含氮过多，就会只长叶子不结果，所以不能过度施肥。也可以施含氮少的肥料。

在垄的两侧施追肥，培土。

6.收获（播种后过80~85天）
不要错过最佳收获期

豆荚开始鼓起来，果实饱满时是最佳收获期。将植株连根拔起或只摘需要的部分即可。

最佳收获期只有5~7天，摘晚了风味就会变差，因此要注意尽早收获。

当能清楚看到豆荚中豆子的形状，豆荚已经鼓起，好像挤压一下豆子就能从豆荚中飞出来的时候，就是最佳收获期。要注意仔细观察，不要错过最佳收获期。

病虫害防治

毛豆随着生长，虫害会变多。尤其是如果刚开花后被蟪虫（如图）和大豆食心虫啃食了，哪怕豆荚长大了里面的豆子也不会饱满。

一旦发现虫子就要马上捕杀，或者使用按1：1000稀释的杀虫剂杀螟松乳剂进行防治。

蚕豆

**松软的口感和淡淡的甜味令人心醉，
具有初夏的味道，花也极具观赏性**

遇到这样的情况怎么办？

· 发芽难→在花盆里育苗比较好。

· 枝条杂乱没关系吗？→整枝，只留6~7条枝条。

是否适合连作：不适合（需要间隔4~5年）。

花盆栽培要点：在深30cm以上的大型花盆里按30cm的间距栽苗，要选择已经长出了4~5片真叶的小苗，浇足量的水。之后看到土干了就浇水。小苗长到30~40cm高之后进行整枝，每株植株只留6~7条枝条。在植株周围施10g化肥，混合新土。小苗长到60cm高之后在植株周围插支架，拉网，防止植株倒伏。小苗长到60~70cm高进行摘心。豆荚垂下来后就可以收获了。

主要营养素：蛋白质、维生素C、维生素B族、钾、镁、磷、铁。

推荐食用方法：盐煮或做成天妇罗都很好吃。

● … 播种　▲ … 栽苗　■ … 收获

栽培日历		3	4	5	6	7	8	9	10	11	12	1	2
作业	寒冷地带	▲			■								●
	中间地带			■					●	▲			
	温暖地带		■						●	▲			

幼苗耐低温，但结果后就会变得不耐低温

蚕豆原产于亚洲中部~地中海沿岸。由于豆荚会朝向天空，所以日语里叫作"空豆"。

蚕豆适合在16~20℃的凉爽环境下生长。不过虽然幼苗耐低温，果实却不耐低温，温度太低可能会导致豆荚掉落。

因此要在10月中旬~11月上旬播种，让蚕豆以幼苗的状态越冬，到次年的5~6月收获。另外，蚕豆不能连作，需要间隔4~5年栽培。

只要注意播种时间，蚕豆还是比较好栽培的。不过，蚕豆容易得花叶病毒病，花叶病毒病是经由蚜虫传播的，所以要注意做好蚜虫的防治。

蚕豆是营养价值很高的蔬菜，蚕豆的花也非常漂亮，是淡紫色的。也有人喜欢在花盆里种植蚕豆作观赏用。

1.整理土壤
害怕连作和酸性土壤

选择4~5年没有种植过蚕豆的土地进行栽培，用石灰调整土壤的酸碱度。

在播种前1~2周，在垄宽为60~70cm的地里，按照

150~200g/m²的用量撒石灰，并与土壤混合均匀。之后按2kg/m²的用量施加堆肥和按50g/m²的用量施加化肥，仔细耕地。

在准备培垄的位置撒石灰，与土壤混合均匀。之后埋堆肥和化肥，仔细耕地。

2.播种
注意种子的朝向

可以直接在地里播种，也可以在花盆里播种。家庭菜园种植的情况下，为了保证发芽率，在花盆里播种比较好。在直径9cm的花盆里放入培养土，每盆放2粒种子。播种时注意种子的朝向，要将黑色条纹（也就是种脐部分）斜着向下插到土里。

发芽后进行疏苗，留下长势好的小苗。等到长出3~4片真叶后进行移栽。

直接播种的情况下，间隔30~40cm挖出种植坑，一个坑里种2粒种子。发芽后进行疏苗，留下长势好的小苗。

❶~❸将黑色条纹（也就是种脐部分）斜着向下浅浅地插到土里。发芽后进行疏苗，留下长势好的小苗。

种脐

蚕豆的种子

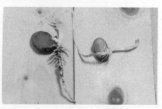

播种时种子的方向放错的话，芽就会像右图那样横着长。

3.栽苗、防寒对策
长出3~4片真叶后进行移栽

　　培垄，垄宽60~70cm、高10cm。栽苗，植株间距30cm。

　　移栽好之后浇足量的水。之后看到土干了再浇水。

　　在寒冷的12月下旬~次年2月，应该在垄的北侧和西侧插细竹除霜防寒。在植株根部铺稻草也可以。次年2月，细竹枯萎后就可以清理了。另外，也可以铺不织布或拱形的冷布防寒。

❶挖种植坑，植株间距30cm，浇足量的水。

❷水被土壤吸收掉后将苗移栽进去。

❸栽好之后再次浇足量的水。

❹12月左右，在垄的北侧和西侧插防寒用的细竹。

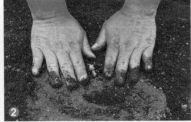

4.剪枝、追肥
整枝，一株植株留6~7条枝条

　　植株长到40~50cm高后进行整枝，一株植株留6~7条枝条，其他的枝条都从根部剪断。

　　追肥在2~3月进行，按30g/m²的用量在植株周围施化肥。

　　施加追肥后，为了让根扎得更结实，将土堆高到植株的分叉部分，以稳定植株。

❶选择长势好的6~7条枝条留下，其他的枝条都从根剪断。

❷将混杂的枝条整理清楚。

❸在植株周围施加追肥。

❹将土堆高到植株的分叉部分，以稳定植株。

5.搭架、摘心

搭架，防止植株倒伏

植株长到一定程度后，在垄的周围搭架，横向拉绳。

根据生长情况间隔20cm左右分段拉绳，防止植株倒伏。

另外，为了促进果实生长，在植株长到60~70cm高时要进行摘心。

在垄的周围搭架，横向拉绳。根据生长情况分段拉绳，防止植株倒伏。

6.收获（播种后过200~210天）

豆荚垂下来后就可以收获了

朝向天空的豆荚鼓起来并垂下来后是收获的最佳时期。

蚕豆很容易就不新鲜了，所以要注意及时采摘。

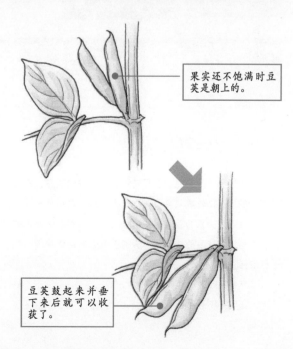

果实还不饱满时豆荚是朝上的。

豆荚鼓起来并垂下来后就可以收获了。

病虫害的防治

蚕豆需要注意防治蚜虫带来的花叶病毒病。

蚜虫从秋天开始出现，3月以后气温开始上升，植株越来越大之后蚜虫会大量泛滥。必须要仔细检查，一旦发现就马上用手摘除，或者将杀虫剂奥菜托液剂按1∶100稀释后喷洒除虫。

另外，如果连作，蚕豆会生立枯病，发生这种情况要将植株连根拔起进行处理。

花生

开花、授粉后花的根会不断延伸，在土中结果

遇到这样的情况怎么办？

· 壳里没有长花生仁→控制含氮的肥料用量。

· 收获时花生壳残留在土中→在合适的时期进行收获。

是否适合连作： 不适合（需要间隔2~3年）。

花盆栽培要点： 难以用花盆栽培。

主要营养素： 脂肪、蛋白质、钾、磷、铜、维生素E、维生素B₁、烟酸、泛酸。

推荐食用方法： 刚采摘下来的新鲜美味的花生，是只有家庭菜园才能享受到的。炒着吃、煮着吃都很好吃。

栽培中的花生

花

●···播种　▲···栽苗　■···收获													
栽培日历		3	4	5	6	7	8	9	10	11	12	1	2
作业	寒冷地带			●——	——				■——	——			
	中间地带			●——	——			■——	——				
	温暖地带		●——	——				■——	——				

少用一些含氮肥料，用石灰调整土壤酸碱度

花生原产于南美洲，喜好高温和光照好的地方，在气候寒冷的地区比较难栽培。"落花生"这一名字来源于它特别的性质。一般的豆科植物都是在地上结荚，但花生的花在授粉后，花朵的根部（子房柄）就会向地下生长，在土里结荚。

既然在家庭菜园里栽种了花生，就一定要品尝一下刚摘下来的花生。带壳用盐煮或者做成炒花生仁，都是很好的佐酒小菜。

因为花生也是豆科的植物，所以要避免连作，控制含氮肥料的用量。另外，还要用石灰调整土壤的酸碱度。播种之后就不太需要操心照料了，初学者也很容易栽培成功。

花生根据植株形态可以分为蔓生、半蔓生、直立三种，根据生育期的长短可以分为早熟和晚熟品种，根据花生仁的大小可以分为大花生、中花生和小花生三种。

1.整理土壤、播种
5月中旬~6月上旬在地里直接播种

播种前两周在地里撒石灰（100~150g/m²），播种前一周施堆肥（2kg/m²）和化肥（50g/m²）。培垄，垄宽80cm、高10cm。铺上地膜可以促进生长，还能起到防除杂草的目的，推荐使用地膜。

植株间距30cm，种植列与列间隔40cm。每个种植坑里种2~3粒种子，种植两列，浇足量的水。

挖出3~5cm深的小坑，每个种植坑里放2~3粒种子后将种子埋好。种子要横向放置。

2.疏苗、追肥、培土
长出真叶后只留一株小苗

发芽后进行疏苗，只留一株长出真叶且长势好的小苗。长出5~6片真叶后施化肥（30g/m²），培土。另外，如果土质太硬会导致子房柄难以钻进土里，所以开花后要将植株周围的浅层土壤进行翻动以培土。当很多子房柄钻入土中之后，再次进行培土。

夏季持续干燥时要做好浇水工作。

只留一株长势好的小苗，去除其他的小苗。

3.收获（播种后过150~160天）
叶和茎开始泛黄就可以收获了

进入10月，叶和茎开始泛黄后，就可以将花生整株拔起进行收获了。

如果要保存果实，可以将花生带壳清洗干净后平摊在簸箕上晾晒2~3天。如果干燥得不充分，容易发霉，这一点需要注意。干燥之后将带壳的花生放入袋子等容器中保存。

抓住茎的下半部分拔出花生。要保存果实的话，可以将花生带壳清洗干净后平摊在簸箕上晾晒。

病虫害防治

刚开始结果的时候容易发生虫害。尤其是金龟子幼虫最容易危害花生。好不容易开始结果了，却被虫子祸害了，那就太可惜了。所以一定要注意防治。另外，地上部分容易被蚜虫、蟓虫等害虫危害，这些害虫都是一发现就要捕杀或者喷洒药剂驱除的（蚜虫、蟓虫用按1∶1000稀释的杀螟松乳剂，金龟子幼虫用二嗪农粒剂3）。

芽菜类 ——栽培简单、营养丰富

芽菜类蔬菜从播种到收获只需要一周左右，栽培起来非常简单。用好看的容器进行栽培，还具有观赏价值。栽培起来很简单，营养又很丰富，还能够观赏，推荐您赶紧试试栽培芽菜类蔬菜。

十字花科	难度★☆☆☆☆

萝卜芽

具有清爽的香味和辣味
大家都很熟悉的芽菜类蔬菜

栽培需要的东西如下。

①萝卜芽的种子。
②广口容器（空的杯子、咖啡杯、碗等）。
③海绵（纸巾或者纸毛巾也可以）。
④喷雾器。
⑤可以给②中的容器挡光的东西。

第1天 播种

用水仔细清洗种子，将种子放在水里泡一晚上。

在广口的容器底部铺海绵等工具，将沥干水的种子铺满容器的底部，用遮光的工具将整个容器盖起来。

如果用的是透明的容器，就需要将整个容器都遮盖起来。如果用的是陶瓷等不透明的容器，用锡纸等工具将容器口盖起来即可。

❶

将沥干水的种子铺满广口容器的底部，给种子遮光直至第4天。

将种子放到水里泡一晚上，让种子吸水。

❷

第2~4天 浇水

每天进行1~2次浇水、换气作业。将遮光工具摘下来，用喷雾器喷湿种子即可。

第3天，发芽的萝卜芽。

第5~6天 绿化

在第5~6天，菜芽就可以长到4~5cm长了，这时候就可以取下遮光工具，让菜芽晒晒太阳，进行绿化作业了。

第5天的样子。这时候就可以取下遮光工具，让菜芽晒晒太阳了。

第7天 收获

播种后过大约一周，萝卜芽的叶子变绿后，就可以用剪刀等工具将胚轴（茎）剪断进行收获了。

第7天的状态。用剪刀剪断茎进行收获。

芽菜类蔬菜的种类

除了我们熟悉的萝卜芽之外，还有西蓝花、紫包菜、芥末、陆生水芹、紫花苜蓿、荞麦芽、葱芽等各种种类。

芽菜类蔬菜可以用在沙拉、三明治等中生吃，也可以撒在各种汤和味噌汤中，用途多样，极具魅力。

Ⓐ据说具有防癌功效的西蓝花芽。
Ⓑ紫红色的包菜芽非常漂亮，且营养丰富。
Ⓒ有一点辛辣味道的芥末芽。

| 豆科 | 难度 ★ ☆ ☆ ☆ ☆ |

豆芽

富含维生素C和矿物质的
经典健康蔬菜

栽培需要的东西如下。

①豆芽的种子。

②广口容器（空的杯子、咖啡杯、碗等）。

③纱布。

④橡皮筋。

⑤可以给②中的容器挡光的东西。

第1天 播种

将种子用水洗干净。大种子可以直接用水冲洗，小种子就用纱布等工具包裹起来再冲洗。

容器中放入多于种子4~5倍的水，浸泡一晚。不过如果用的是大豆，浸泡6小时以上就会导致发芽不良，注意浸泡时间。

豆芽种子吸一晚上水就会膨胀到原来的2倍大左右，收获时大概会长到原来的20倍长。所以请一定要在广口的容器里培育。

容器中放入多于种子4~5倍的水，将种子浸泡一晚（图为塑料杯一杯量的水）。

浸泡一晚后，如图所示进行遮光管理直至收获。

关于豆芽的小知识

豆芽是将豆类、谷类等的种子进行遮光管理使其发芽得到的蔬菜，可以说是"生命之芽"。

浸泡可以解决豆子太硬的问题。豆芽富含维生素C和矿物质等成分，极具营养价值。

和其他的芽菜类蔬菜一样，豆芽从播种到收获也只需要短短的一周左右，且栽培简单，不需要用到土，所以极具人气。而且，只要温度管理得当，一年四季都可以培育。一些冬天难以吃到新鲜蔬菜的北方国家，自古就非常喜爱豆芽。

第2天 清洗

浸泡一晚，种子膨胀后，用纱布封住容器口，并用橡皮筋扎紧，然后将水倒出，换新的水仔细清洗后，再将水沥干。清洗完毕后再次进行遮光管理。

之后直到收获前每天用水清洗两次。

第2天的种子（左）和第1天的种子（右）。

第3~6天 发芽、生长

种子吸水后过3天左右就会开始发芽。发芽后由于呼吸作用，容器内的温度会上升，可能会导致氧气不足。如果容器底部有水残留，种子就有可能腐烂，散发恶臭。所以清洗后一定要将水沥干。

第3天　　　　第4天　　　　第5天

第7天 收获

播种后过7~10天就可以进行收获了。将豆芽倒入装满水的容器中，轻轻摇晃使种皮脱落。

另外，豆芽根部会残留一些纤维，对此介意的人可以在烹饪前将之摘掉。

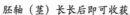
胚轴（茎）长长后即可收获。

豆芽的种类

除了常见的绿豆芽、黑豆芽以外，还有红豆芽、扁豆芽、豌豆芽、豇豆芽、蚕豆芽、黄豆芽、兵豆芽等豆类的芽菜，紫花苜蓿、辣椒、玉米等也可以作为芽菜栽培。

同样是豆类，在发芽时也有子叶向上生长（豇豆、黄豆、绿豆等）和子叶向下生长（红豆、豌豆等）的种类之分。子叶向下生长的种类长势会差一些，注意不要错过收获期。

Ⓐ 培育简单，风味很好的豇豆芽。

Ⓑ 炒、煮皆宜的兵豆芽。

Ⓒ 2~3cm长为最佳食用期的豌豆芽。

花盆栽培

胡萝卜

发芽前的管理都很难，
适合有一定经验的人士种植的蔬菜

遇到这样的情况怎么办？

· 不发芽①→少盖些土（刚好能埋住种子即可）。

· 不发芽②→注意不让土壤干燥。

是否适合连作： 适合。

花盆栽培要点： 迷你品种的胡萝卜可以用花盆栽培。在深20cm左右的花盆里间隔10~15cm进行条播，种子与种子之间的距离为1cm。盖上薄薄的一层土，用手轻压土壤后浇足量的水。长出1~2片真叶后疏苗成3cm间隔，长出3~4片真叶后疏苗成5~6cm间隔。疏苗后加10g化肥作为追肥，培土。根长到直径2cm左右后依次收获。

主要营养素： 胡萝卜素、番茄红素、钾、膳食纤维。

●…播种　▲…栽苗　■…收获

栽培日历		3	4	5	6	7	8	9	10	11	12	1	2
作业	寒冷地带		●				■						
	中间地带	●			■								
	温暖地带				●						■		●

春季或夏季播种皆可

　　胡萝卜原产于亚洲中部，适合在15~20℃的环境下生长，喜好凉爽的气候。幼苗既耐热也耐寒，但长大后就会变得不耐热，夏季容易发生病虫害。

　　所以可以选择春季播种、初夏时节收获，或者夏季播种、冬季收获。

　　另外，像胡萝卜这样的直根型根菜，如果下方有石头或者结块的堆肥，就会出现分叉现象。所以施堆肥要趁早，耕地也要耕得深一些。

　　主要的品种有短根的西洋品种和长根的东洋品种，推荐尝试更容易栽培的西洋品种。另外，胡萝卜的生长周期一般为110~120天，略有些长，不过迷你胡萝卜70天左右就能收获了。

1.整理土壤、播种

为防根分叉，要深耕

播种前两周在田地里撒石灰（150g/m²），翻土混合均匀。播种前一周在田地里播撒堆肥（2kg/m²）和化肥（100g/m²），仔细深耕土壤。培垄，垄宽60cm、高10cm。

浇水后采用条播的方式间隔20~30cm播种两列，浅浅地盖上一层土。发芽需要较多水分，在发芽前要注意不能让土壤干燥（表层土壤干燥了就浇水）。

❶在垄上挖出两条沟，采用条播的方式播种。
❷用手指捏起一点土壤浅浅地盖上一层土，用手轻压。
❸撒一些稻谷壳可以防止干燥。

2.疏苗、追肥、培土

第二次疏苗后开始施追肥

发芽并长出1~2片真叶后疏苗成间隔3cm，长出3~4片真叶后疏苗成间隔5~6cm，长出6~7片真叶后疏苗成间隔10~12cm。疏苗可以让胡萝卜长得更大，注意要及时疏苗。第

二次疏苗后就可以开始施追肥了，在植株根部施一些化肥，用量为30g/m²，然后轻轻培土。还有，要注意仔细清理杂草。

❶❷第二次疏苗后开始施追肥、培土。
❸第三次疏苗成间隔10~12cm，让根长得更大。

3.收获（播种后过110~120天）

抓住根部拔起胡萝卜

当地面附近的根长到直径为4~5cm后，就可以进行收获了。抓住根部垂直拔起胡萝卜。

另外，种植的是迷你胡萝卜的话，长到拇指粗就可以收获了。

抓住根部拔起胡萝卜。　　迷你胡萝卜长到拇指粗就可以收获了。

病虫害防治

比起病害，胡萝卜更容易受到虫害。蚜虫、金凤蝶幼虫都经常危害胡萝卜，从幼苗时期就要多加注意。

发现害虫后就要立刻捕杀，或者可以喷洒按1∶2000稀释的马拉松乳剂，切实做好驱虫工作。

茄科　　　　　　　　　　　　　难度 ★☆☆☆☆

土豆

无须费时费力就能收获的入门级蔬菜

遇到以下情况怎么办？

· 果实不够大→认真做好除芽工作。

· 土豆表面发绿→把土夯实。

是否适合连作：不适合（需要间隔3~4年）。

花盆栽培要点：在深30cm以上的大型花盆里每隔20cm播种一块土豆种并浇足量的水。当幼芽长到10~15cm时，留下1~2株长势好的幼苗，其余幼苗需连根去除。将每1L土掺有1g化肥的土壤盖在幼苗根部后浇水。待长出花苞之后再次盖土并浇水。叶子全部枯萎之后挖土取出土豆。

主要营养素：淀粉、钾、维生素C、维生素B、膳食纤维。

推荐食用方法：土豆炖肉和咖喱土豆都很好吃。

培育中的样子

花

● …播种　▲…栽苗　■…收获

栽培日历		3	4	5	6	7	8	9	10	11	12	1	2
作业	寒冷地带		▲			■							
	中间地带			■			▲			■			←
	温暖地带			■				←		■			←

推荐在病害较少的春天种植

　　土豆原产地为南美洲安第斯的高原地带。土豆具有仅3个月的种植时间便能收获比种子大15倍的果实、不挑土壤、富含维生素C等优点，在世界各地都有种植。

　　温度为15~20℃、阴凉天气、昼夜温差大的地方更容易培育。春耕在2月下旬~3月下旬，秋耕在8月左右。秋耕由于天气炎热，种子易腐烂，因此推荐春耕。

男爵（左）和五月皇后（右）

132

1.准备土豆种
一定要买健康的土豆

适合种植的时期是在2月下旬~3月中旬。一定要购买健康的土豆种（在种苗店购买即可）。

将土豆种切成30~40g重的块，且每一块上面都要有2~4个幼芽。切好后放干，约3天后种植到田地里。

每一块土豆种子都要留下2~4个幼芽，请注意不要切到幼芽。

2.整理土壤
种植前1~2周进行

种植前1~2周，将石灰按50~100g/m²的用量均匀撒在田地里，翻土混合均匀（但是，如果测试土壤的酸碱度，pH在6.0以上则不需要撒石灰。测试的方法请参照第9页）。

种植前需培垄，垄宽60~70cm，在垄的中央拉一根细绳以便垂直种植、整齐有序。

❶将石灰均匀撒在田地里。
❷翻土混合均匀。
❸垄宽60~70cm，在垄的中央拉一根细绳。

3.种植
每间隔30cm放一块土豆种

沿着拉的细绳，用锄头挖深15cm的渠沟，在里面每间隔30cm种一块土豆种。

在种与种之间，施加一铲堆肥以及一小撮化肥。

在土豆种之上覆盖7~8cm厚的土壤，用锄头轻轻按实。

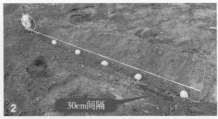

30cm间隔

❶在垄的中央挖深约15cm的渠沟。

❷土豆种切口向下，种之间间隔30cm。

❸在种与种之间施加基肥。

❹在土豆种上方覆盖7~8cm厚的土壤。

4.除芽
留下长势较好的1~2根幼芽

一块土豆种会长出5~6根幼芽。如果让所有的幼芽继续生长，则收获的土豆数量会很多，但个头不大。因此当幼芽长到10~15cm长时要进行除芽。

留下长势较好的1~2根幼芽，其余全部除去。

当幼芽长到10~15cm长时，按住根部除去多余幼芽，留下1~2根长势好的幼芽。

5.追肥、培土
首次追肥在除芽后进行

除芽后，在幼苗之间按30g/m²的用量追加化肥，然后用锄头轻轻培土。

2~3周后再次追加等量的化肥，然后在植株根部盖上大量的土。请注意，如果培土的量不够，最后得到的土豆个头会较小。

另外，如果土豆露出地表，表皮变绿，土豆的品质会有所下降。因此一定要认真培土。

在幼苗间施加化肥，用锄头轻轻培土。

二次追肥后，需在幼苗根部培大量土。

6.收获 (种植后过约90天)
需在晴天采摘土豆

春耕在6月上旬左右，待叶子和茎部变黄后即可收获。

待持续两三个晴天后便是收获的最佳时期。如果在连续下雨的天气进行采摘，土豆便容易腐烂，因此还是在晴天进行较好（6月中旬会进入梅雨季节）。

天气的变化会让收获延迟是常有的事。一定要认真做好培土工作，不让土豆从土表露出。

病虫害防治

土豆会发生的病虫害较少，但在叶子生长茂盛时期，还是会产生蚜虫、异色瓢虫等害虫。发现了需要立即捕杀。

此外，请注意，如果不选用健康且无菌的土豆种，种植后只能收获少量土豆。

用铲子从植株根部的周边铲起。

红薯

不易受天气影响、抗病能力强、收获量大的入门级蔬菜

遇到以下情况怎么办？

·枝繁叶茂但果实小→减少氮肥的供给、增加钾肥（使用红薯专用肥料）。

是否适合连作： 适合。

花盆栽培要点： 在深50cm以上的大型花盆里每隔30cm倾斜种植一株幼苗并浇足量的水。观察叶子色泽，如果不够亮则需沿花盆边缘施加10g化肥。让藤蔓在地上延展或引上支架都可以。待叶子枯萎后即可收获。

主要营养素： 淀粉、钾、维生素C、维生素E、维生素B$_1$、铁、膳食纤维。

推荐食用方法： 糖汁烧油炸红薯。

●···播种　▲···栽苗　■···收获

栽培日历		3	4	5	6	7	8	9	10	11	12	1	2
作业	寒冷地带				▲				■				
	中间地带			▲					■				
	温暖地带			▲				■					

请注意不要施加过多的氮肥

　　红薯的原产地为美洲中部。红薯在酸性以及贫瘠土壤中都可培育，是公认的救荒农作物。其抗热、抗寒、抗干旱能力强，需要的肥料少且病虫害不多，因此特别适合初学者种植。

　　施加过多的氮肥则会导致红薯枝叶茂盛而根部缺乏营养的情况发生。如果之前在同一块地里栽种了喜肥的蔬菜，请不要再施肥了。

　　种植时间为5月中旬~6月下旬，收获时期为10月上旬~11月上旬。

红薯

1.整理土壤
请不要过度施用肥料

种植前两周，将石灰按100g/m²的用量均匀地撒在田地里，翻土混合均匀。

种植前一周，将堆肥按2kg/m²的用量、化肥按20g/m²的用量撒在田地里，翻土混合均匀。培垄，垄宽60~80cm、高30cm。

过度施用氮肥会让红薯枝叶茂盛，因此请使用氮元素含量少的红薯专用化肥。

种植前两周在田地里撒石灰并翻土混合。

种植前一周在田地里撒基肥并翻土混合。

培垄，垄宽60~80cm、高30cm。

2.种植
植株间隔30cm

种植前几日去种子店购买幼苗。

红薯幼苗的根部较为肥大，因此植株需间隔30cm，挖一条深5cm的渠沟，将幼苗从根部往上数的第3~4节处以下埋入土中。种植后幼苗叶子可能发软直接倒在土壤上，但是只要扎根了，幼苗便会恢复精神挺立起来。

❶植株间隔30cm，并排种植。
❷❸从根部往上数的第3~4节处以下埋入土中。
❹一旦扎根了，幼苗便会恢复精神挺立起来。

3.除草
初期需时常除草

在藤蔓生长的同时，杂草也在生长。在红薯的藤蔓覆盖整块田地之前，请认真做好除草工作。特别是生长初期又逢梅雨季节，请注意如果放任不管则红薯的长势会不如杂草。

在藤蔓生长的同时杂草也在生长。在藤蔓覆盖整块田地之前，请认真做好除草工作。

4.追肥
如果长势较好则无须追肥

观察叶子色泽，判断有无追肥的必要。多数情况下无须追肥，但是如果叶子色泽变淡，则需将化肥按20g/m²的用量施在垄肩上并认真培土。

叶子色泽变淡则需追肥。

认真培土。

叶子色泽光亮则无须追肥。

5.收获（种植后过约150天）

请在霜降之前收获

　　请在叶子和藤蔓开始变黄的10月上旬~11月上旬、无霜的时候进行收获。

　　先割除藤蔓，再用铁锹挖开植株周边的土壤。从根部握住藤蔓往上拔。为了不伤到红薯，请尽量从红薯周边开挖。

　　刚出土的红薯在去除泥垢后，晒3~4天可增加甜度。此外，如果盖上地膜种植则可在9月上旬~中旬收获。

用镰刀割除藤蔓。

用铁锹从植株周边开挖。

握住植株根部的藤蔓，往上拔。

6.储藏

可埋在田地里储藏

　　收获过多则可埋在田地里进行存储。

　　首先选择无霜的地方挖一个深坑。再用稻草制作通风口，将红薯放入坑中并用稻草或稻谷壳覆盖。最后用土填埋。

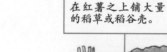

在红薯之上铺大量的稻草或稻谷壳。

最上层盖土防止雨水侵入。

两边竖直放入稻草进行通风。

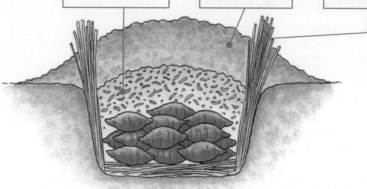

病虫害的防治

　　基本无须担心病虫害，红薯抗虫能力较强。有时可能会发生虫子啃食嫩叶的情况，如果只是可见虫食痕迹的程度，则无须担心红薯的生长情况。

　　但是如果出现一片叶子全被吃光的情况，则可能会造成较大的灾害。请用心观察，发现害虫立即捕杀，防止虫害扩大。

栽培示意

芋头

因能大量繁殖，在家庭菜园里种植一株即可

遇到以下情况怎么办？

· 不发芽→将芋头种的幼芽向上放置，进行浅栽。

· 收获的芋头较小→请认真进行追肥、培土、浇水工作。

是否适合连作：不适合（需间隔3~4年）。

花盆栽培要点：花盆种植较为困难。

主要营养素：淀粉、钾、黏蛋白、半乳聚糖。

推荐食用方法：有人会烹制成炸芋饼，但还是强烈推荐做成煮芋头。芋干也很好吃。

●…播种　▲…栽苗　■…收获

栽培日历		3	4	5	6	7	8	9	10	11	12	1	2
作业	寒冷地带		▲						■				
	中间地带		▲						■				
	温暖地带	▲						■					

子芋品种更容易栽培

芋头原产于印度东部~印度尼西亚半岛，适宜生长温度为25~30℃，喜日晒和阴雨多的环境。相反，抗霜与抗干燥能力较差，雨水少会导致芋头个头较小。

连续耕作危害较大，因此应选择3~4年没有种植过的田地进行栽培。种植时期为4月上旬~5月中旬、收获时期为10月上旬~11月下旬。盖上地膜栽培会使地表温度升高，也无须除杂草。

芋头品种分为可食用子芋和母芋与子芋皆可食用两个品种。

叶柄呈现红色的赤芽、八头等品种涩味较少，可将收获后的叶柄做成凉拌芋干或是炖菜。

1. 整理土壤、种植
将幼苗的芽朝上种植

种植前一周将石灰按100g/m²的用量撒在田地里，并翻土混合均匀。

一定要选择已经发芽了的芋头种。先培垄，垄宽100cm，再在中间挖一条深15cm的渠沟，将芋头种种植在里面，每株间隔40cm。

在种与种之间按30g/m²的用量施加化肥和一小铁锹的堆肥，并用土覆盖。

沿着垄中间所拉的细线挖一条深15cm的渠沟。将芋头种放置其中，施基肥后再覆盖5~6cm厚的土壤。

2. 追肥、培土
一月一次直至8月

从发芽开始每月施肥一次直到8月，每次在植株间按30g/m²的用量施化肥，然后进行培土。

培土过多会使芋头的产量降低，第一次应培土5cm厚，第二次开始每次培土10cm厚左右。此外，从子芋发芽到成熟之间会长出孙芋，用土将其填埋即可。

❶植株间追肥，培土。
❷第二次追肥之后，提升培土的高度。
❸最终培土完成的样子。

注意不要将肥料施在叶片上。

3. 收获（种植后过约180天）
请在霜降之前收获

收获时期为10月上旬~11月下旬，最迟也要在霜降之前收获。

储藏芋头种时应切除其枝叶，与母芋一起倒置埋入深50cm的洞穴之中。

用镰刀等工具去除叶子后，再用铲子将芋头挖起，去土之后将子芋取出。

病虫害防治

没有什么特别的病虫害，只是天气炎热的时候偶尔会有蚜虫。蚜虫很多的时候需喷洒按1：100稀释的奥莱托液剂。此外，浇水时将叶子背面用水冲洗，即便不喷洒药剂也能在一定程度上减少蚜虫。

小萝卜

不挑土地，
短时间内就可轻松收获的蔬菜

遇到以下情况怎么办？

· 根部较小→进行疏苗，植株间隔4~5cm。

· 根部易裂开→直径为2~3cm时即可收获。

是否适合连作：连作危害小但仍需间隔1~2年。

花盆栽培要点：在深15cm以上的大型花盆里，间隔10~15cm挖1cm深的种植沟，间隔1cm播种，盖上薄土，用手轻轻压实并浇水。之后看到土壤干燥就浇水。待真叶长至2~3片进行疏苗，夏季留5~6cm的植株间距，春秋两季留3~4cm的植株间距。疏苗后需追加10g化肥，培土。当根部长至直径2~3cm时即可收获。

主要营养素：钾、维生素B族、维生素C、叶酸、膳食纤维。

推荐食用方法：推荐做成沙拉或用醋做成腌菜。

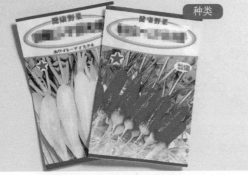

种类

●…播种　▲…栽苗　■…收获

栽培日历		3	4	5	6	7	8	9	10	11	12	1	2
作业	寒冷地带		●		■		●	■					
	中间地带	●		■				●	■				
	温暖地带	●	■					●	■				

除盛夏和严冬外，其余时间皆可栽培

小萝卜原产于欧洲，正如其名"二十日大根"，播种后只需20~30天即可收获。而且其不太占用种植空间，很适合在家庭菜园栽培。

小萝卜喜阴凉气候，春天适合种植的时期为3月中旬~5月播种、4月下旬~6月收获，秋天则是9~10月播种、10~11月收获。夏季易生虫害，严冬因温度低，生长周期为春秋的两倍，因此在7~8月与12月~次年2月种植时需特别注意。

小萝卜品种虽多，但都易于栽培，可以试着将喜欢的品种都种植一些。

1.整理土壤、播种
播种两列便于管理

　　播种前两周将石灰按100g/m²的用量均匀撒在田地里，并且翻土混合均匀。前一周将堆肥按100g/m²的用量、化肥按100g/m²的用量撒在田地里并翻土混合均匀。培垄，垄宽60cm、高10cm。

　　播种时在垄上隔15cm挖两条渠沟，以条播的方式播种，之后拨土覆盖种子，并用手轻轻按实，浇足量的水，之后每次土壤干燥时都需浇水。

 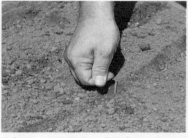 

在垄上隔15cm挖两条渠沟，以条播的方式播种。用手捏起土壤撒在种子上，用手轻轻按实并浇水。

2.疏苗、追肥、培土
待真叶长至2~3片时进行疏苗，植株间隔4~5cm

　　播种后过3~4天发芽，子叶舒展开后，如果叶芽杂乱则需进行疏苗。

　　待真叶长出2~3片后需进行疏苗，植株间隔4~5cm，将化肥按30g/m²的用量进行追肥，再在幼苗根部培土，这有助于根部长大。

疏苗

培土

真叶长出2~3片后，尽可能将长势较差的幼苗去除，植株间隔4~5cm。然后进行追肥、培土工作。

病虫害防治

　　小萝卜易招惹小菜蛾，喷洒按1：2000～1：1000稀释的托奥罗流剂CT（BT水化剂：一种生物农药）将其彻底清除。对蚜虫则需要喷洒按1：100稀释的奥菜托液剂。

　　此外，小萝卜在夏季易生病，需做好通风和遮阳工作。

3.收获（播种后过约30天）
根的顶部露出土表即可收获

　　待真叶长出5~6片，根部直径长到2~3cm且顶部露出土表时，即可握住根部将其拔出。

　　如果长得太快，培育过度则会导致根部出现裂纹。因此需要尽早收获。

　　　　收获时只需握住根部拔出即可。

芜菁

种植期短，家庭菜园里也易种植

遇到以下情况怎么办？

· 根部开裂→培育过度，需在适当的时期收获。

· 根部不够大→在适当的时期进行疏苗。

是否适合连作： 不适合（需间隔1~2年）。

花盆栽培要点： 在深30cm以上的大型花盆里挖出种植沟，沟与沟间隔10~15cm，在沟里间隔1cm播种，并浇足量的水（之后保持土壤湿润）。子叶舒展开后需进行疏苗，植株间隔3cm，然后培土。此后，待3~4片真叶长至5~6cm长、5~6片真叶长至10~12cm长时需进行疏苗，行间需追加10g化肥，然后培土。根部直径长至5cm时即可收获。

主要营养素： 根部富含钾、维生素C、膳食纤维、淀粉酶（分解淀粉的酶）等；叶子富含维生素类、钙、铁、膳食纤维等。

推荐食用方法： 推荐做成腌制品，这样根部和叶子都能食用。

● …播种　▲ …栽苗　■ …收获

栽培日历		3	4	5	6	7	8	9	10	11	12	1	2
作业	寒冷地带		●──	──■─	──			●──	──■	──			
	中间地带	●──	──■	──			●──	──■	──				
	温暖地带	●──	─■──	──			●──	──■	──				

春耕秋种都易栽培

芜菁原产于地中海沿岸，很早之前便传到日本，并培育出了许多颜色、大小、形状等不同的品种。芜菁共有大、中、小三个品种，其中小芜菁生长周期短且易于栽培，推荐在家庭菜园种植。

生长适合温度为15~20℃，喜阴凉气候，因此春季播种应在3~5月，秋季播种应在8月下旬~10月上旬。从播种到收获需要45~50天。

芜菁的主根垂直向下生长且会变得肥大，因此需要直接播种。移栽会导致主根分叉，因此要避免移栽。此外芜菁与其他的十字花科蔬菜一样，如果连续耕种，则根部会长出多大小不一的根瘤，容易患根瘤病，从而使叶子枯萎或发育不良。十字花科的蔬菜需要选择1~2年内没有种植过的土地，其次还需优先选择抗根瘤病能力强等抗性品种。

1.整理土壤、播种

条播、种植沟需间隔20cm

　　播种前2周，将石灰按100g/m²的用量撒在田地里并且翻土混合均匀，播种1周前将堆肥按2kg/m²、化肥按100g/m²的用量撒在田地里并且翻土混合均匀。提前培垄，垄宽60cm、高10cm。

　　播种前需挖好两条渠沟，间隔20cm，并且采取直接播种的方法。用土覆盖种子后再轻轻按实并浇足量的水。之后请保持土壤湿润。

挖好两条种植沟，采用条播的方式。用土覆盖种子后再轻轻按实并浇足量的水。

2.疏苗、追肥、培土

请在适当的时期进行疏苗

　　以下情况都需进行疏苗。待真叶长至1~2片时幼苗需间隔2~3cm，真叶长至3~4片时幼苗需间隔5~6cm，真叶长至5~6片时幼苗需间隔10~12cm。

　　第二次疏苗后需根据生长情况，将化肥按30g/m²的用量施加在土壤里，并且进行培土。

　　疏苗是让根部变得肥大的关键作业，请尽早在适当的时期进行。

❶❷真叶长出1~2片时进行第一次疏苗。
❸❹真叶长出5~6片时进行第二次疏苗。

3.收获（播种后过45~50天）

注意在适当的时期收获

　　如果干旱或持续下雨使得土壤中的水含量急剧变化，容易破坏芜菁表皮与内部生长的平衡，根部则会裂开。此外，错过最佳收获期会使得芜菁内部肥大从而导致根部开裂。因此，请在适当的时期尽快收获。小芜菁长至直径5~6cm、大芜菁长至直径10cm以上时，请依次收获。

> **病虫害防治**
>
> 　　芜菁容易招惹蚜虫和小菜蛾，若发现则需喷洒按1：1000稀释的托奥罗流剂CT（BT水化剂）将其清除。无农药栽培则需覆盖冷布以防害虫入侵。
>
> 　　此外，如果在刚种植过十字花科蔬菜的土地上直接种植芜菁，则可能发生连续耕作的危害——患根瘤病。如果担心发生连作危害，可选择CR鹰九等抗性品种。

握住叶子根部，垂直拔出。

萝卜

较难种好，但值得挑战的经典蔬菜

遇到以下情况怎么办？

- 根部分叉→在田地里认真进行翻土工作。
- 根的内部空心→需在适当的时期内收获。

是否适合连作： 连作危害小但仍需间隔1~2年。

花盆栽培要点： 适合栽培迷你萝卜。在深30cm以上的大型花盆里，尽量放入颗粒均匀、柔软的土壤。每隔20cm戳一个凹坑，坑中放入4~5粒种子，用土覆盖并浇水。疏苗，待真叶长至1~2片每个坑留下3株，3~4片留下2株，5~6片留下1株，培土。进行2~3次疏苗后需追加10g化肥。当根部长至直径5cm以上，从土表露出来时即可收获。

主要营养素： 根部富含钾、淀粉酶等；叶子富含维生素类、铁等。

推荐食用方法： 可做成萝卜泥，当作荞麦面的佐料。

种子

种在花盆里的样子

●…播种　▲…栽苗　■…收获

栽培日历		3	4	5	6	7	8	9	10	11	12	1	2
作业	寒冷地带			●		■			●				
	中间地带		●		●		●		■				
	温暖地带	●		■				●					

秋天种植较为容易培育

　　萝卜原产于地中海沿海，但如今日本的产量以及消费量皆在世界前列。自古以来许多地方都有种植，并培育出众多品种，深受人们喜爱。

　　一般来说，萝卜喜阴凉、耐热能力差，但是在选择品种时应选择一年四季都能种植的品种。

　　与芜菁相同，萝卜也具有直根性，因此不能移栽。秋天种植最为适合，在8月末~9月上旬播种、10~12月收获。此外，萝卜的根部会向土地深处延展，因此认真做好翻土工作是成功的秘诀。

1.整理土壤
提前将土地里的石头以及垃圾清除掉

播种前2周，将石灰按100~150g/m²的用量撒在土壤中并且翻土混合均匀。

播种1周前将堆肥按2kg/m²的用量、化肥按100g/m²的用量撒在土壤里。去除石子以及垃圾的同时往土地深处翻土，需

耕作出土质松软的土地。

播种前先培垄，垄宽60cm、高10cm，并且需用耙子平整土壤。

❶播种前1周将基肥均匀撒在田地里。

❷尽量往土地深处翻土，去除石子以及垃圾。

❸播种前培垄并平整土壤。

2.播种
植株间隔30cm，采用点播的方式

在垄上间隔30cm挖种植坑，用点播的方式在每个坑中撒4~5粒种子。播种后用土覆盖、轻轻按实，并铺稻壳。浇足量

的水，在发芽前请保持土壤湿润。发芽后看到土壤干燥浇水即可。

在垄上间隔30cm挖种植坑，每个坑中撒4~5粒种子。播种后用土覆盖、铺稻壳并浇足量的水。

3.疏苗、培土 当幼苗长出1~2片真叶时疏苗，每个种植坑留下3株作物

播种后过7~8天，幼苗发芽长出1~2片真叶时需进行第一次疏苗。

去除长势较差的1株，每个坑留下3株幼苗。疏苗后用手轻轻培土。

长出真叶后去除其中1株，并将土轻轻堆在植株根部。

长出真叶后进行疏苗，拔掉1株小苗，并将土轻轻堆在植株根部。

将长势最差的一株去除，进行疏苗。

4.疏苗、追肥、培土
当幼苗长出3~4片真叶时，每个坑留下2株小苗

播种后过17~20天，幼苗长出3~4片真叶时进行第二次疏苗。

去除1株长势最差的幼苗，每个坑留下2株小苗。疏苗后将化肥按30g/m²的用量施在植株间，然后在植株根部进行培土。

去除长势最差的1株幼苗，在植株间进行追肥，并用锄头在幼苗根部培土。

5.疏苗、追肥、培土 当幼苗长出6~7片真叶时，每个坑留下1株小苗

幼苗长出6~7片真叶时进行第三次疏苗，留下最健康的1株。

疏苗后将化肥按30g/m²的用量在植株间施肥。此后幼苗根部会变得肥大，因此要认真做好培土工作，让植株拥有良好成长环境。

此外，疏苗后所拔出的植株也可以食用，请不要扔掉。

疏苗留下长势最好的1株幼苗。施追肥并在植株根部认真做好培土工作。

拔出的幼苗也可以食用。

6.收获（播种后过55~60天）
根部直径长至6~7cm时即可收获

当青萝卜的根部直径长至6~7cm时便是收获的最佳时期。从播种到收获，早熟品种需55~60天，晚熟品种需90~100天。

如果错过最佳收获期，萝卜的根部会长出空洞，请在最佳时期进行收获。

病虫害防治

萝卜比较容易发生虫害。特别是在夏天常会出现蚜虫，因此请留心。此外也容易出现青虫和小菜蛾等害虫。

对蚜虫需喷洒按1:2000稀释的马拉松液剂，对青虫与小菜蛾则需喷洒按1:1000稀释的托奥罗流剂CT（BT水化剂）进行驱虫。

无农药栽培时，需要用冷布搭建拱形的防护罩。

将叶子拢在一起，握住根部垂直拔起。

迷你牛蒡

容易栽培的短根品种，更适合家庭菜园

遇到这样的情况怎么办？

· 种子不发芽→盖的土层要薄。

· 根分叉了→认真翻土。

是否适合连作：不适合（需要间隔4~5年）。

花盆栽培要点：在深30cm以上的大型花盆中加入柔软的土壤。在中间挖一条种植沟，间隔1cm播种，盖上薄薄一层土，浇足量的水。之后直到发芽前都要注意保持土壤湿润。长出两片子叶后进行疏苗，留下3~4cm的间距，轻轻培土。长出2~3片真叶后进行疏苗，留下10cm的植株间距，施10g化肥作为追肥，培土。长出8~9片真叶后按同样的方法进行追肥、培土。根长到直径1.5cm以上后，就可以挖出收获了。

主要营养素：膳食纤维、钾、磷、镁、钙、锌。

推荐食用方法：除了用于炒牛蒡丝，放到米棒锅里也很好吃。

即将收获的迷你牛蒡

种子

●…播种　▲…栽苗　■…收获												
栽培日历	3	4	5	6	7	8	9	10	11	12	1	2
作业　寒冷地带		●			■							
中间地带	●		■	■			●					
温暖地带	●		■									

深耕土壤和认真翻土是重点

迷你牛蒡据说原产于中国，最开始是作为药草为人类所利用的。

迷你牛蒡适合的生长温度为20~25℃，对30℃以上的温度也能耐受。即使在严寒季节，地上部分枯萎了，根也不会坏。

一般采用春季播种的方式，在3月下旬~6月上旬播种，7~12月收获。也可以采用秋季播种的方式，也就是在9月中旬~下旬播种，次年6~7月收获。

长根种类的牛蒡的根最长可以长到75cm以上，所以整理土壤的时候必须要翻土到深50cm以上，清理出石头、垃圾等杂物，认真翻土。

1.整理土壤、播种
条播后盖薄土

播种前两周，按150~200g/m²的用量撒石灰后深耕土壤。播种前一周，在整片田地里按2kg/m²的用量施堆肥和按100g/m²的用量施加化肥后仔细翻土。培垄，垄宽60m、高10cm。

在垄的中央挖出播种沟，间隔1cm播种，条播后盖薄土，浇足量的水。之后直到发芽前保持土壤湿润。

❶❷播种前一周施基肥，翻土，培垄。
❸❹条播，注意播种时不要将种子堆积在一起，盖上一层薄土，浇水。

3.收获（播种后过80~100天）
不要直接拔出，挖开土壤后再收获

迷你牛蒡要在播种后过80~100天，长到直径1.5cm、长30~50cm后再收获。

收获时要小心，不要伤到根茎。沿着根茎挖土，轻轻晃动根茎拔出收获。

病虫害防治

病虫害较少。不过可能会生蚜虫、夜盗虫、食根虫等害虫。尤其是蚜虫会成为其他病害的媒介，一旦发现就要立即捕杀，或者喷洒按1：100稀释的杀虫剂奥莱托液剂进行驱虫。

另外，如果连作，根茎的表皮会生出黑点，品质和产量都会明显降低。因此栽种时要选择4~5年没有种植过牛蒡的田地。

2.疏苗、追肥、培土
长出2~3片真叶后疏苗，植株间距10cm

子叶长开后开始疏苗，植株间距3~4cm。将土轻轻堆到植株根部以防倒伏。长出2~3片真叶后再次疏苗，植株间距10cm，施化肥（30g/m²），培土。

真叶长出8~9片后，按同样的方法追肥、培土，以促进生长。发芽之后看到土壤干燥了就浇水。

❶❷两片子叶长开后进行疏苗，植株间距3~4cm，培土。
❸❹长出2~3片真叶后再次进行疏苗，再追肥、培土。

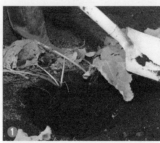

沿着根茎挖土，轻轻晃动根茎拔出收获。

根茎上会长出很多细根，直接拔出容易损伤根茎。

土圞儿

美洲原住居民的食物来源

遇到这样的情况怎么办？

· 土圞儿长不大→摘掉花。

· 收获期在什么时候→叶和茎开始枯萎的时候。

是否适合连作：不适合（需要间隔3~4年）。

花盆栽培要点：在深30cm以上的大型花盆里栽苗，间隔50cm，浇足量的水。新芽长出后，搭架拉网，引蔓。开花后将花摘掉，每月施一次追肥，在植株周围施10g化肥。11月左右开始收获。

主要营养素：淀粉、蛋白质、维生素E、钙、磷、铁、膳食纤维等。

推荐食用方法：油炸后直接撒盐食用，作为佐酒菜也可以。炖煮也很好吃。

花

●…播种　▲…栽苗　■…收获

栽培日历		3	4	5	6	7	8	9	10	11	12	1	2
作业	寒冷地带			←					■				
	中间地带			←					■				
	温暖地带		←							■			

搭架拉网，引蔓栽培

据说土圞儿原产于美国。日本也有野生的类九子羊植物，被称为"美洲九子羊"。长长的根上生出的念珠状的土圞儿营养价值非常高，钙含量是土豆的30倍，铁含量是土豆的4倍，膳食纤维含量是红薯的4倍，淀粉和蛋白质含量也很高。

栽培要在天气足够温暖之后。栽苗或者播种皆可，但发芽后土圞儿后会很瘦弱，所以一般直接栽苗。栽苗前两周在田地里按150g/m²的用量撒石灰，栽苗前一周按2kg/m²的用量播撒堆肥、按50g/m²的用量播撒化肥，与土壤混合均匀。培垄，垄宽130cm、高10cm。种植两列，列与列间距69cm，植株间距50cm。挖深10cm左右的种植坑栽苗，盖好土后浇足量的水。

每月施一次追肥，在垄的两侧按30g/m²的用量施肥，在植株根部培土。夏季会开很香、很美的花，为了集中营养，需要把花摘掉。天冷后土圞儿会停止生长，霜降后就可以开始收获了。土圞儿很少遭受病虫害，可以无农药栽培。

菊科　　　　　　　　难度★★☆☆☆

雪莲果

长得像红薯，味道似梨子的健康蔬菜

遇到这样的情况怎么办？

· 植株倒伏→在植株周围搭架，用绳子围起来。

· 栽种了块根却不发芽→栽种根部的块茎或小苗（注意块根不会发芽）。

是否适合连作：不适合（需要间隔2~3年）。

花盆栽培要点：需要比较大的花盆。植株会长到1m高左右，需要搭架防止倒伏。栽培过程中不要断水断肥。11月左右，霜降前挖出收获。

主要营养素：低聚糖、多酚、钾、钙、磷、膳食纤维（改善便秘）等。

推荐食用方法：可以剥皮后直接生吃，味道很像梨。用来炒菜或者炖煮也很好吃。

栽培日历		3	4	5	6	7	8	9	10	11	12	1	2
作业	寒冷地带			←					■	—			
	中间地带		←						■	—			
	温暖地带	←							■	—			

耐病虫害，可以无农药栽培

雪莲果原产于南美洲安第斯高原地带。其块根形状类似红薯，生吃口感像梨，可以用来炒菜或者炖煮。甜味来源于其中富含的低聚糖。除此以外，其还富含各种矿物质和膳食纤维、多酚等。

雪莲果栽培很简单。春天购入小苗移栽即可。栽苗前两周按100g/m²的比例在土里撒石灰并与土壤混合均匀。栽培前一周拉绳确定垄的宽度为60cm，在垄的中央挖20cm深的沟并施堆肥（2kg/m²）和化肥（100g/m²），与土壤混合均匀。培

垄，垄高10cm。间隔50cm挖种植坑，栽苗，浇水。每月追肥1次，在植株根部按30g/m²的用量施化肥，轻轻培土。植株最高会长到1m以上，所以当植株开始长大后就要搭架拉绳将植株围起来以防倒伏。雪莲果会开直径2cm左右的类似黄菊花的花朵。花朵会影响雪莲果长大，需要摘掉。雪莲果多少会有一些虫害，但是不使用农药也可以成功栽培。

洋葱

栽培难度较大且生长周期长，适合想要进阶的栽培爱好者

遇到这样的情况怎么办？

· 收获前开花了→选择直径7~8mm的小苗。

· 苗没长大就枯萎了→驱除种蝇。

是否适合连作： 不适合（需要间隔2~3年）。

花盆栽培要点： 购买商品苗，在大型花盆里种植两列，列与列间距15cm，植株间距10cm。移栽后浇足量的水。过两个月左右在植株间施10g化肥，之后每月追肥一次，比例相同。叶片倒下后，就可以选择天气好的日子进行收获了。在通风良好处晾晒1~2天。

主要营养素： 钾、膳食纤维、烯丙基化硫、二烯丙基二硫。

推荐食用方法： 切薄片过水后做成沙拉。在炒菜和咖喱中也是不可或缺的。

红洋葱适合做沙拉生吃。

●…播种　▲…栽苗　■…收获

栽培日历		3	4	5	6	7	8	9	10	11	12	1	2
作业	寒冷地带					■—	●		▲				
	中间地带			■—				●		◀—			
	温暖地带			■—				●		◀—			

严格遵守最佳作业期，选择好苗

　　洋葱原产于亚洲中部地区，栽培要避开高温多湿的季节。虽然秋季播种次年初夏收获，中间跨越一个冬天，生长周期较长，但栽培成功时会更加有成就感。

　　我们食用的部分不是洋葱的根，而是洋葱的叶储存养分后肥大化合拢成球形的鳞茎。

　　栽培的要点是选择高度为20~25cm、直径7~8mm的小苗。如果栽种的是直径10~15m以上的大苗，在收获前可能会长出花（花茎）；如果栽种的苗太细，则可能因为冻害而枯萎。

　　播种时期、栽苗时期都应该严格遵守最佳时期，最好选择适合栽种的商品苗。

1.播种
9月中旬~下旬播种

　　直接栽种商品苗会更简单，但从育苗开始栽培也不错。早生品种播种的最佳时期为9月中旬，中晚生品种为9月下旬。

　　培垄，宽100cm、高10cm，间隔10cm挖1cm的种植沟，采用条播的方式播种。

　　撒一层薄薄的土盖住种子即可，浇足量的水后铺稻草或无纺布，再次浇水，防止干燥。发芽后即可去除稻草或无纺布等。

洋葱种子

❶在垄上挖沟，间隔10cm。
❷间隔1cm播种，盖上一层薄土。
❸用泥土等轻轻压住。
❹铺无纺布，浇足量的水。

2.疏苗、追肥、培土
根据生长情况疏苗2次左右

　　发芽后根据生长情况对混杂的地方疏苗2次左右。

　　疏苗后，在根部按30g/m²的用量施化肥，轻轻培土。

对混杂的地方进行疏苗。

疏苗后进行追肥、培土。

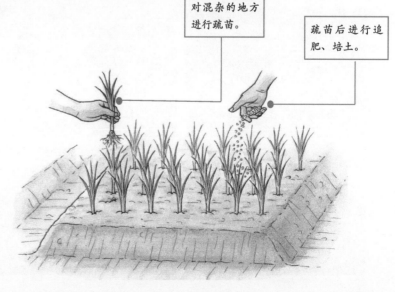

3.整理土壤
撒足量的石灰

栽苗前两周，在整块田地里撒用量为150g/m²的石灰，与土壤混合均匀。栽苗前1周施堆肥（2kg/m²）、化肥（100g/m²）、熔融磷肥（50g/m²），与土壤混合均匀。栽苗前培垄，宽60cm、高10cm。

栽苗前1周撒基肥。

仔细翻土，混合均匀。

培垄，宽60cm、高10cm。

4.栽苗
选择好苗是栽培的重点

早生品种栽苗时间为11月中旬~下旬，中晚生品种11月下旬~12月上旬。最好选择高20~25cm，根部直径7~8mm的商品苗。

在垄的中央挖15cm深的"V"形沟，间隔10cm将小苗摆在地上。

将另一侧的土盖在小苗的根上，薄薄一层土即可。用锄头将根部的土压实，浇足量的水。

❶在垄的中央挖出"V"形沟。
❷选择不粗不细、直径在7~8mm的小苗（中间）。
❸将小苗间隔10cm摆在地上，薄薄地盖上一层土。
❹❺用锄头将根部的土压实，浇足量的水。

5.追肥、培土
2月、3月共进行两次

2月上旬和3月下旬进行追肥。在植株根部按30g/m²的用量施化肥，轻轻培土。

将化肥施在植株根部，用锄头等工具进行培土。

6.收获（播种后过约8个月）
叶片开始倒伏后进行收获

洋葱进入收获期后叶片会枯萎倒伏。5~6月，七八成的植株倒伏后就可以进行收获了。

选择天气晴朗的日子，握住植株根部将其连根拔起。通风干燥1~2天后即可保存。

叶片枯萎倒伏后就进入收获期了。握住植株根部将其连根拔起。通风干燥1~2天后即可保存。

> **病虫害防治**
>
> 　初春至初夏容易出现病虫害。主要的病害有叶片霉烂的霜菌病。注意栽培环境不要过于潮湿。发病后将杀菌剂百菌清1000按1：1000稀释后喷洒用于防治。
>
> 　洋葱比较少患虫害，但可能会受蝇类害虫危害。虫害严重时，可以在植株根部施二嗪农粒剂3进行驱除。
>
> 　不过，洋葱是可以实现无农药栽培的蔬菜。可以尝试挑战一下。

栽培中的葱

葱

日本关东地区主要是葱白长的种类，日本关西地区则是叶长的种类，品种多种多样

遇到这样的情况怎么办？

· 长得不直→尽量垂直栽培。

· 葱白长不长→掌握培土的时期和量。

是否适合连作： 不适合（需要间隔1~2年）。

花盆栽培要点： 为了让葱白软化，需要将土培高一些，所以葱白长的种类不太适合用花盆栽培。叶长的种类可以用花盆栽培。栽培的要点可以参考冬葱（第162页）。

主要营养素： 膳食纤维、钙、铁、烯丙基化硫、维生素A。

推荐食用方法： 可以用于各种料理做香料。在寿喜锅中是一道主要食材。

● ···播种　▲ ···栽苗　■ ···收获

栽培日历		3	4	5	6	7	8	9	10	11	12	1	2
作业	寒冷地带				▲				■				
	中间地带				▲						■		
	温暖地带			▲					■				

春季播种培育时间短，适合家庭菜园

葱原产于中国，对高温和低温环境都有很强的耐性，整年都可种植。但是，如果要越过寒冬期，葱会因为感知到寒冷而开花，导致品质变差（长芯、变硬），需要注意。

栽培可分为春季播种和秋季播种，前者3月下旬~4月上旬播种，7月~8月收获，后者9月中旬播种、次年春季收获。在家庭菜园种植的情况下，推荐选择春季播种，这样可以节省培育时间。另外，也可以购买商品苗于夏季栽种，这样冬季就可以收获了。无论是春季播种还是秋季播

种，培育时间都比较长，但种植葱并不需要花费太多功夫管理，只要做好栽培期间的除草及让葱白软化的培土这两个重点工作就可以了。

葱分为两部分，绿色的部分为葱叶，白色的部分为葱白。日本关东地区主要是葱白长的种类（白葱、长葱），日本关西地区则主要是叶长的种类（叶葱）。其他地区也有各种当地特有的品种。

1.整理土壤
挖一条较深的种植沟

　　栽种之前，要将田地里的杂物清除，整理好田地。种植葱不需要太精细地耕地、翻土。确定垄的宽度为90~100cm，在中间挖一条宽15cm、深30cm左右的种植沟。

　　种植两列的话，在沟和沟之间空90~100cm。

将要用于栽种的田地清理干净，中间挖一条宽15cm、深30cm左右的种植沟。

2.栽苗
在种植沟里铺稻草

　　下面介绍一下商品苗在夏季种植、冬季收获的栽培方法。

　　7月左右，准备50cm左右高的小苗，沿着种植沟壁间隔3~5cm垂直种下小苗，盖上刚好能埋住植株根部的土。

　　栽种好后，在种植沟里铺稻草将沟填满。

❶❷间隔3~5cm垂直种下小苗，盖上刚好能埋住植株根部的土稳固菜苗。

❸❹在种植沟里铺稻草将种植沟填满。

3.追肥、培土
栽苗后过一个月左右进行第一次施肥

种植后过30天左右，进行第一次追肥、培土。

在种植沟外侧按30g/m²的用量施化肥，并与土壤混合均匀，从两侧培土将铺好稻草的种植沟埋起来。

第一次追肥后过30天左右，就可以进行第二次追肥了。追肥后培土，将葱白部分埋起来。

在种植沟的外侧撒化肥。

将土壤和肥料混合均匀，堆向植株根部。

培土，将葱白部分埋起来。

4.追肥、培土
在第二次追肥一个月后进行

第二次追肥后过30天左右，就可以进行第三次追肥、培土。在植株周围施与上次同量的化肥，将土堆到植株根部。

堆足量的土直到将葱白部分埋起来，这样可以让葱白长得更长。

❶在植株周围施追肥。
❷用锄头等工具培土。
❸在植株周围堆足量的土直到将葱白部分埋起来。

5.追肥、培土
再次培土

第三次追肥后过30天左右，进行最后一次追肥、培土。

在植株周围施与第二次同量的化肥，将足量的土堆到植株根部，直到能够将葱叶根部埋起来。

❶在植株周围施追肥。

❷将土和肥料混合，培土。

❸将足量的土堆到植株根部，直到能够将葱叶根部埋起来。

6.收获（栽苗后过约150天）
最后一次追肥后过30~40天就可以收获了

第四次追肥后过30~40天就进入收获期了。

收获时注意不要伤害葱白部分，挖开植株两侧的土，看到葱叶与葱白交界处时，就可以用手将葱拔起收获了。

挖开植株两侧的土，用手将葱拔起收获。

冬葱

在狭窄的空间也能够栽培，可以多次收获的香料、蔬菜

遇到这样的情况怎么办？

· 不发芽①→栽种种球时埋得浅一点。

· 不发芽②→在合适的时期栽种。

是否适合连作：不适合（需要间隔1~2年）。

花盆栽培要点：在深15cm以上的花盆里间隔10~15cm挖种植坑栽种。一个坑里放两个种球，浅埋上一层土后浇足量的水。过一个月左右，施10g化肥。之后每半个月施同样量的追肥。长到20~30cm高后，从距根3~4cm的地方剪断收获。施加追肥促进新叶生长。

主要营养素：基本和葱相同。

推荐食用方法：和葱一样，也是作为香料使用。凉拌也很好吃。

● ····播种　▲····栽苗　■····收获

栽培日历		3	4	5	6	7	8	9	10	11	12	1	2
作业	寒冷地带												
	中间地带	→■					▲		■				
	温暖地带	→■					▲			■			

适合在日本关东以西的温暖地带栽培

　　冬葱和洋葱、葱不同，不会抽薹和开花，直接通过球根（鳞茎）生长。

　　冬葱比葱的叶子更短、更细，香味也更加温和。分蘖（枝端长出很多叶）较多是其特征。其日语名"分葱"即与此特征有关。

　　8月下旬~9月上旬是栽苗的佳时期。第一次栽种请去种苗店购买种球。比起葱白长品种的葱，冬葱会比较不耐高温

和低温，在日本关东以北的寒冷地区较难栽培成功。秋季至次年春季期间快速生长，可以收获数次。

　　6月左右挖出球根，将之放置在通风良好的环境保管。7~8月，冬葱将再次发芽，届时可以将枯萎的外皮剥去，将球根分开作为种球栽种。

1.整理土壤、栽苗 8月下旬~9月上旬栽苗

栽苗前两周，确定垄宽为60cm，按100g/m²的用量撒石灰，栽苗一周前在垄的中央挖20cm深的沟，分别按2kg/m²和100g/m²的用量播撒堆肥和化肥，埋好后培垄，垄高10cm。

将垄的表面平整后，确定15~20cm的植株间距，挖浅坑种植，一个坑中种两个种球。用土将种球埋起来，只露出一点叶片即可。浇足量的水。

垄上挖沟，埋好基肥。

培垄，间隔15~20cm挖种植坑。

一个坑中栽两个种球。

轻轻盖上一层土，浇足量的水。

2.追肥、培土
一个月进行两次

种植后过约一个月，植株长高后在植株中间施化肥，用量为30g/m²，轻轻培土。之后一个月施两次同量的追肥，轻轻培土。

在植株中间施化肥，将土轻轻堆到植株根部。

> **病虫害防治**
>
> 露菌病是冬葱会得的代表性疾病。15℃左右的多雨时节是最容易得露菌病的时候。可以将百菌清1000按1：1000稀释后喷洒进行防治。
>
> 常见的虫害有叶潜蝇、蓟马。可以在栽苗时撒莫斯匹兰粒剂进行防治。

3.收获（种植后约60天）
收获后再施追肥，可以继续收获

长到20~30cm高后，可以从距离根部3~4cm的地方剪断收获。

收获后施一些化肥促进长出新叶，新叶长出后可以再次进行收获。

从距离根部3~4cm的地方剪断收获。收获后施追肥、培土。

韭菜

生命力强，
收获后马上可以再次收获

遇到这样的情况怎么办？

· 叶片颜色淡→做好追肥工作。

· 开花了→摘掉花茎。

是否适合连作： 不适合（需要间隔2~3年）。

花盆栽培要点： 在深15cm以上的花盆里，间隔15~20cm栽种韭菜苗，要种得深一些，浇水。在叶片长到10片左右的时候施10g化肥，20天后再次施10g化肥。长到高20cm左右时，从距离根部3~4cm的地方剪断收获。收获后一定要在植株根部再施10g化肥作为追肥，培土。

主要营养素： 胡萝卜素、维生素C、维生素E、烯丙基化硫。

推荐食用方法： 白灼后凉拌。其是内脏火锅中不可或缺的一种食材。

●···播种　▲···栽苗　■···收获

栽培日历		3	4	5	6	7	8	9	10	11	12	1	2
作业	寒冷地带						▲ ■						
	中间地带		▲		▲			■					
	温暖地带			▲ ■									

种植三年左右挖出进行分株

　　韭菜原产于中国，喜好凉爽的气候，可以休眠越冬，非常耐寒。另外，韭菜对土壤的要求也不高。生命力很强，收获后马上就能再生。

　　韭菜有一点空间就能够栽培，很适合在家庭菜园栽培。

　　种植一次可以收获很多次，不过年岁太久的韭菜品质会降低。种植三年左右就应该挖出进行分株了。

1.栽苗、追肥、培土
6月中旬~7月上旬栽苗

栽苗前两周，在田地里按100g/m²的用量撒石灰并与土壤混合均匀。栽苗前一周，确定垄的宽度为60cm，在中央挖深15cm的种植沟，埋堆肥（2kg/m²）、化肥（100g/m²）。培垄，垄高10cm。栽苗，植株间距20cm，浇水。小苗长出10片真叶后施第一次追肥，再过20天后施第二次追肥。按30g/m²的用量在植株周围施化肥，培土。

❶❷在垄上挖出种植坑，浇水。水被吸收后栽苗，浇足量的水。

❸❹在植株周围施堆肥，培土。

2.收获（栽苗后过9~10个月）
次年4月收获

第一年不要进行收获，只育苗。霜降后铺稻草等助苗越冬。

栽苗后第二年，4月之后开始收获。新叶长到20cm高左右后，从距离根部3cm左右的地方剪断收获。

从距离根部3cm左右的地方剪断收获。

3.追肥、培土
收获后施追肥，再次收获

收获后施用量为30g/m²的化肥作为追肥，培土，促进新芽再生。另外，夏季韭菜会抽薹。如果放置不管，植株会衰弱，应该尽早摘除，只留5~6cm长的茎即可。

收获后，在植株周围施追肥，将土堆到植株根部。

病虫害防治

韭菜不太容易遭受病虫害，如果发现有蚜虫，就将杀虫剂奥菜托液剂按1∶100稀释后喷洒防治。

病害方面，如果环境过湿，容易得露菌病（叶片上生出黄褐色小斑纹）、锈病（叶片上生出黄色粉状病斑），需要注意雨季。另外不要过量浇水。

薤白

酸甜口味的腌薤白是经典小菜，提早摘获的嫩薤白也很有人气

遇到这样的情况怎么办？

· 不发芽→将种球的芽朝上栽种。

· 分球少→栽种到5~6cm深处。

是否适合连作： 不适合（需要间隔2~3年）。

花盆栽培要点： 在深15cm以上的花盆间隔20cm挖5~6cm深的种植坑，一个坑里种两个种球，种球的芽朝上，轻轻埋土，浇水。栽种一个月后每月一次追肥，每次施10g化肥，培土，将种球盖住即可。栽苗后第二年的6月中旬左右，地上部分枯萎后即可收获。如果要吃嫩薤白，就在3月中旬~4月收获。

主要营养素： 维生素B1、钾、烯丙基化硫。

推荐食用方法： 提早摘获的嫩薤白很好吃。

即将收获的薤白

●···播种　▲···栽苗　■···收获														
栽培日历		3	4	5	6	7	8	9	10	11	12	1	2
作业	寒冷地带					■—	▲—						
	中间地带				■—		▲—						
	温暖地带			■—			▲—						

栽培需要花费很长时间，但在贫瘠的田地里也能种植

　　薤白原产于中国。其香味和口感都很好，非常适合用于腌渍，酸甜口味的腌薤白更是经典小菜。6月下旬为收获期，但最近市场上流行生吃提早收获的嫩薤白，整年均有销售。

　　薤白长势旺盛，在干燥的土地、背阴地、贫瘠的土地上都可以长得很好，不需要太费心管理就能种。但是如果土壤的排水性太差，鳞茎会容易腐烂，所以要注意土壤的排水和透气问题。

　　栽培方面，栽种的不是种子，而是鳞茎（种球）。7月下旬开始，园艺店等商店就会开始出售种球了。请选择比较大的健康种球，上方要紧实一些才好。可以在8月下旬~9月中旬栽种球，次年2月收获，也可以越冬两次，第三年收获（会长出很多小球茎）。

1.整理土壤、栽苗

在一个种植坑里种两个种球

栽种前两周，确定垄宽为50cm，撒石灰，用量为100g/m²。栽种前一周在这块田地间播撒堆肥（2kg/m²）和化肥（100g/m²），仔细翻土混合均匀。植株间距20cm，挖5~6cm深的种植坑，每个坑中种两个种球，芽朝上栽种，轻轻埋土，浇水。

想要收获大球茎就在每个坑中种植1个种球，想要收获小球茎就在每个坑中种植3~4个种球。

间隔20cm挖5~6cm深的种植坑，芽朝上栽种，每个坑中种两个种球。轻轻埋土，浇水。

3.收获（栽苗后过约10个月）

叶片根部开始枯萎后即可收获

栽苗后过约10个月，也就是到次年6月下旬，叶片会开始枯萎。枯萎至叶片根部时即可开始收获。选择在晴天将植株连根拔起，放到通风良好的地方干燥。

> **病虫害防治**
>
> 薤白较少出现病虫害，但会得灰霉病、白疫病等。蚜虫、根螨等害虫也可能会出现。
>
> 发现病害要尽早使用药剂（对灰霉病用按1∶1000稀释的百菌清1000，对白疫病用按1∶150稀释的比斯达森水溶剂）抑制，发现害虫立即捕杀，或使用药剂进行驱除（对蚜虫用按1∶100稀释的奥莱托液剂，对根螨用电压粒剂6）。

2.追肥、培土

促进球茎的分化及肥大化

栽种约一个月后，按每月一次的频率在垄间施化肥（30g/㎡），培土，以促进球茎的分化及肥大化。其初春前生长得都比较慢，在杂草茂盛的时期要认真除草。球茎被照射到阳光，会出现绿化而导致品质降低。所以一定要做好培土工作，将球茎埋起来。

在垄与垄之间施追肥，用锄头等工具将土堆到植株根部，将球茎埋起来。

一把抓起茎，连根拔起。

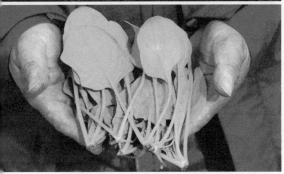

藜科　　　　　　　　　　　　　难度★☆☆☆☆

菠菜

易栽培，营养丰富，选择好品种就可以整年栽培

遇到这样的情况怎么办?

· 不发芽→播撒石灰，中和土壤中的酸。

· 抽薹了→选择抽薹晚的品种。

是否适合连作：不适合（需要间隔1~2年）。

花盆栽培要点：在深15cm以上的花盆里种植，间隔10~15cm挖种植沟。间隔1cm播种，盖上一层薄土后轻轻压实，浇足量的水。长出2~3片真叶后疏苗使植株间隔3cm，在植株间隙施10g追肥，轻轻培土。长到8cm高左右，再次进行追肥、培土。长到20cm高左右，根据需要从根部割断收获。

主要营养素：钾、钙、磷、镁、铁、胡萝卜素、维生素C、维生素E、叶酸。

推荐食用方法：直接凉拌或加点芝麻凉拌都很好吃。

●…播种　▲…栽苗　■…收获

栽培日历		3	4	5	6	7	8	9	10	11	12	1	2
作业	寒冷地带		●		■		●	■					
	中间地带	●		■				●	■				
	温暖地带	●						●	■				

播种的时期与品种的选择

　　菠菜原产于亚洲中部地区，适合在15~20℃的凉爽环境下发芽、生长，耐寒性很强，−10℃的温度也可以耐受；但是相对地，对炎热环境的耐受度就比较差了，25℃以上气温下生长情况会急速恶化，露菌病等病害也会多发。

　　另外，白天比较长的时候会容易抽薹，夏季栽培会相对比较困难。播种的时期在3月中旬~5月中旬（春季播种）和9月上旬~11月上旬（秋季播种）。

　　春季到夏季期间，白天逐渐变长，所以春季播种应该选择抽薹晚的品种。秋季到冬季是最容易栽培的季节，可以选择味道比较好的传统品种。

1.整理土壤
撒石灰中和土壤中的酸

播种10日~1周前，整理好土壤。菠菜不适合在酸性土壤中种植，所以需要在整片田地里按150~200g/m²的用量撒石灰，与土壤混合均匀。然后按2kg/m²的用量施堆肥和按100g/m²的用量施化肥，仔细翻土混合均匀。培垄，垄宽60cm、高10cm。

  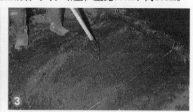

在整片田地里按150~200g/m²的用量撒石灰，与土壤混合均匀（菠菜不适合在酸性土壤中种植，所以需要多撒石灰）。

施基肥后认真翻土。

培垄，垄宽60cm、高10cm。

2.播种
间隔1cm进行条播

用耙子等工具平整垄的表面，用支架等工具在田地里压出一条深1cm左右的种植沟（种植两列的话，列与列间隔15~20cm）。

间隔1cm播种，从种植沟的两侧用手指捏起土壤浅浅地盖住种子，用手轻轻压实土壤，浇足量的水。

可以盖一层稻谷壳防止干燥。

❶❷用一根比较粗的支架在田地里压出一条深1cm左右的种植沟。撒播种子。

❸❹从种植沟的两侧用手指捏起土壤浅浅地盖住种子，用手轻轻压实土壤，浇足量的水。

3.疏苗、培土

疏苗，植株间距3~4cm

播种后过3~4天即可发芽。当两片子叶长出后、真叶长出1~2片时（从第10天开始）进行疏苗，植株间距3~4cm。

尽量拔掉生长状况不好、颜色不好的弱苗。

疏苗后，将土轻轻堆到植株根部，稳定小苗。

长出真叶后，进行第一次疏苗。拔掉生长情况不好的小苗，植株间距3~4cm，轻轻培土。

4.疏苗、追肥、培土

疏苗，植株间距5~6cm

进行一次疏苗就足以保证收成，但是如果想要每一株菠菜都长得足够大，就再进行一次疏苗，保持5~6cm的植株间距。疏苗时拔掉的小苗可以用来做味噌汤和沙拉等。

另外，追肥要在播种后过17~20天、植株长到8~10cm高的时候进行，同时要进行中耕、培土。

想要将植株培养得更大一些的话，就进行第二次疏苗，保持5~6cm的植株间距。在植株的左右施化肥（30g/m²）。疏苗后用西式锄头等工具进行中耕，然后轻轻培土。

5.严寒期的保温

做好保温工作，种出叶片柔软的菠菜

　　12月~次年2月，可能会出现一些霜、寒风导致的冻害、叶片受伤、黄化等情况。要收获高品质的菠菜，就要用无纺布、冷布等保温工具做好保温工作。

❶铺设无纺布、冷布等保温工具和铺设地膜的要领相同。

❷将两端折起来用脚踩住，压上一些土。另一侧也按同样方法压上一些土。

❸横向也按同样方法压上土。

用拱状的支架固定，防止保温工具被风吹走。

6.收获（播种后过30~50天）

长到20~25cm高即可收获

　　植株长到20~25cm高，即可依次收获。春季播种至收获需要30~40天，秋季播种至收获需要30~50天。

　　从植株根部剪断进行收获，或将植株连根拔起进行收获。

从根部剪断收获。　　　　　　收获后，尽量将根部剪短。

病虫害防治

　　菠菜是一种只要严格按栽培时间进行栽培，无须农药也能栽培好的蔬菜。但是，如果栽培环境太干燥，就会容易发生虫害。对蚜虫用1:100稀释的奥莱托液剂防治；担心夜盗虫危害的话，就喷洒按1:1000稀释的艾露桑乳剂进行驱除。病害方面多见子叶折断、变黄、枯萎的露菌病，不过可以选择一些抗病性强的品种，如活跃等进行栽培。

小松菜

只要播种就能成活，非常容易种植的入门级蔬菜

遇到这样的情况怎么办？

· 虫害→撒药剂驱虫或秋季播种。

· 傍晚时叶片枯萎→根瘤病是病因。避免连作。

是否适合连作： 不适合（需要间隔1~2年）。

花盆栽培要点： 在深15cm以上的花盆里间隔10~15cm挖出两列种植沟，间隔1cm条播。播种后盖上一层薄土，用手压实，浇水。发芽后进行疏苗，植株间隔3cm。一周后施10g化肥，培土。3周后，按同样的量施追肥，培土。长到20cm高左右即可收获。

主要营养素： 胡萝卜素、维生素C、维生素E、钙、铁、膳食纤维。

推荐食用方法： 用来凉拌或者做菜汤年糕都很好吃。

●…播种　▲…栽苗　■…收获

栽培日历		3	4	5	6	7	8	9	10	11	12	1	2
作业	寒冷地带		●		■								
	中间地带		●	■									
	温暖地带		● ■										

小松菜原产于地中海沿岸。江户时代开始传入日本，在"小松川"（现东京都江户川区内）栽种，所以叫作小松菜，是日本人非常熟悉的一种蔬菜。小松菜适合在20℃左右的环境下种植，喜好比较凉爽的气候，对高温和低温的耐受性都很强，除了盛夏和严冬，基本全年都可以栽培。

小松菜只要播种就能成活，是一种非常容易种植的入门级蔬菜。小松菜富含维生素和矿物质。

一般来讲，春季、秋季播种的话30~40天就能收获，夏季播种的话25~30天就能收获。间隔10天播种更方便收获。

相对而言其少有连作危害，稍有一点连作问题也不大。另外，由于培育时间短，可以在种植有其他蔬菜的垄与垄或列与列之间栽培。

1.整理土壤
施基肥

播种前两周，在整片田地里撒石灰（100~150g/m²）。

播种前一周，施堆肥（2kg/m²）、化肥（100g/m²），与

土壤混合均匀，用耙子等工具平整表层土壤。

❶在整片田地里撒石灰，认真翻土。

❷❸施基肥（可以在这时就拉绳确定垄的宽度，也可以在下次培垄的时候再拉绳确定范围）。

❹将基肥均匀混合在土壤中，平整表层土壤。

2.培垄
垄高10cm左右

垄宽60cm，种植两列，列与列间隔20cm。根据田地的大小，间隔60cm拉两根绳确定垄宽，将外侧的土壤堆到绳的内侧。

将土堆到10cm高左右，用耙子平整表层土壤后，取掉绳子。

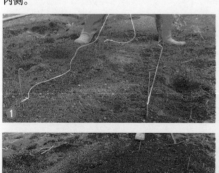

❶根据田地的大小，间隔60cm拉两根绳确定垄宽。

❷将外侧的土壤堆到绳的内侧。

❸❹将土堆到10cm高左右，用耙子平整表层土壤后，取掉绳子。

3.播种
条播更容易管理

3月中旬~10月下旬都可以播种，不过夏天更容易发生虫害，最好选择容易栽培的时期播种。

一条垄上种植两列，列与列间隔20cm，进行条播，注意均匀播撒种子。盖上一层土后用手轻轻压实，浇足量的水。

之后细心管理，直到发芽前都要保持土壤湿润。发芽后看到土壤干燥了就浇足量的水。

一条垄上挖两列种植沟，列与列间隔20cm，注意均匀播撒种子。用手指捏起一些土壤盖住种子，用手轻轻压实，浇足量的水。之后细心管理，直到发芽前都要保持土壤湿润。

4.铺设无纺布
低温季节播种后要铺设无纺布保温

晚秋~冬季栽培时，要在垄上盖上无纺布等保温，促进发芽。发芽后即可取下保温工具。

❶在垄上铺一层宽、长略微大于垄的保温工具（无纺布等）。
❷四周压上土壤固定。
❸从无纺布等保温工具上方直接浇水。

5.疏苗、追肥

不要浪费疏苗拔掉的菜

播种后过3~4天即可发芽。长出1~2片真叶后，疏苗使植株间隔3~4cm。植株长到7~8cm高时再次进行疏苗，保持5~6cm的间距。

疏苗后，按30g/m²的用量施化肥，轻轻培土，稳固菜苗。不要浪费疏苗拔掉的菜，可以做成沙拉或用来做味噌汤。

❶❷长出1~2片真叶后就可以进行疏苗了。拔掉长势不好的菜苗。施追肥后将土轻轻堆到菜苗根部。

❸❹菜苗长到7~8cm高时再次进行疏苗，保持5~6cm的间距。然后追肥、培土。

6.收获（播种后过30~40天）

植株长到20cm高左右就可以收获了

小松菜属于生长起来比较快的蔬菜。植株长到20~25cm高就可以依次收获了。长得太大会导致品质降低。

从植株根部割断收获。

病虫害防治

夏季常见蚜虫、菜蛾、青虫等害虫，这些害虫会啃食叶片，很快叶片上就会出现很多虫洞。可以铺设拱形冷布、无纺布等保温工具防治虫害。这样不仅可以减少撒药剂的次数，甚至可能实现无农药栽培。

另外，冬季不会出现虫害，所以基本可以实现无农药栽培。

茼蒿

推荐在春天和秋天栽培，家庭菜园中的入门级蔬菜

遇到以下情况怎么办？

· 发芽不齐→平整垄的表面，用薄土覆盖。
· 发育不良→用石灰中和土壤中的酸。

是否适合连作：不适合（应间隔2~3年）。

花盆栽培要点：在深15cm以上的花盆里挖出两条种植沟，之间需间隔10~15cm，用直接播种的方式将每颗种子间隔1cm撒在其中，用薄土覆盖，并用手按实，再浇足量的水之后保持土壤湿润。以下情况需进行疏苗：待真叶长至1~2片时植株需间隔3cm，3~4片时植株需间隔6cm，株高8cm时植株需间隔10cm。第二次疏苗之后，需追加10g化肥。待幼苗长至20cm高左右时即可收获。

主要营养素：胡萝卜素、维生素K、钙、铁。

推荐食用方法：茼蒿是火锅所不可欠缺的美食，白灼茼蒿也很美味。

● ···播种　▲ ···栽苗　■···收获

栽培日历		3	4	5	6	7	8	9	10	11	12	1	2
作业	寒冷地带			●	■		●	■					
	中间地带	●	■				●	■					
	温暖地带	●	■				●	■					

推荐选用易栽培的中叶品种

茼蒿原产于地中海沿岸。其喜阴凉，适合培育的温度为15~20℃，在高温或者日照较长的环境中会抽薹。因此夏季栽培较为困难，春秋栽培成功率高，收获量可观。

茼蒿与菊花相似，是拥有独特香味与风味的蔬菜。初春会开出如菊花一般美丽的黄色花朵，因此具有一定的观赏价值。

茼蒿根据叶子的形状可分为大叶种、中叶种与小叶种，一般来说，推荐选用容易栽培的中叶品种。

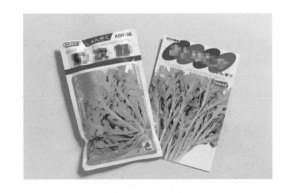

1.整理土壤
用石灰中和土壤中的酸

播种两周前将石灰按150~200g/m²的用量撒在田地里，翻土约20cm深进行混合。

播种前一周培垄，垄宽60cm，两侧拉细线，在中央挖一条深15cm的种植沟，将堆肥按2kg/m²、化肥按100g/m²的用量撒在种植沟里，埋好后培垄，垄高10cm，平整垄的表面。

❶在垄的两侧拉绳确定垄的范围，在中间挖沟。
❷在沟中施基肥。
❸埋好基肥，培垄。
❹平整垄的表面。

2.播种
在春季播种、秋季播种都易于栽培

在4~5月的春季播种和9~10月秋季播种都比较容易栽培。在6~8月的夏季播种较难培育，高温会让幼苗发育不良且时常发生病害。

在垄上挖出两条种植沟，间隔20~30cm，采用直接播种的方式进行播种。茼蒿的种子发芽需要光照，因此用土将种子轻轻掩盖到若隐若现的程度即可。播种后需浇足量的水。

❶垄中插一根棍子作为参照，挖两条种植沟。
❷用直接播种的方式进行播种。
❸盖上薄土，用锄头轻轻按实。
❹浇足量的水。

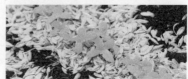

盖上稻壳则可防止干燥。

3.疏苗、培土
真叶长出1~2片时需进行疏苗，植株间距3cm

播种后过约1周会发芽。真叶长出1~2片时需进行疏苗，留下长势较好的幼苗，植株间距3cm。

疏苗后用手指轻轻培土。

真叶长出1~2片时需进行疏苗，留下长势较好的幼苗，植株间距3cm。最后用手培土。

4.疏苗、追肥、培土
真叶长出4~5片时再次进行疏苗，植株间距5~6cm

真叶长出4~5真叶时需再次进行疏苗，尽量留下长势最好的幼苗，植株间距5~6cm。

疏苗后按30g/m²的用量施化肥作为追肥，然后培土。

疏苗时要尽量留下长势最好的幼苗，植株间距5~6cm。在列与列之间施化肥并培土。

如果不进行疏苗会使幼苗过于密集从而导致发育不良。

5.疏苗、追肥、培土

植株长至15cm高左右时再次疏苗，植株间距15~20cm

植株长至15cm高左右时再次疏苗，植株间距15~20cm。

疏苗后需将化肥按30g/m²的用量施加在植株根部并且轻轻培土。

疏苗后,植株间隔15~20cm,之后进行追肥和培土工作。

6.收获（播种后过30~40天）

留下根部则可长期收获

植株长至20cm高左右时即可收获。

收获的方法有两种，一种是将整个植株拔出，另一种是只采摘嫩叶。如果想要长期进行采摘，则可留下根部，只摘取中间的嫩芽。植株会不断长出腋芽，可以依次进行收获。

用手摘取中心部分的嫩芽。

> **病虫害防治**
>
> 茼蒿抗病虫害能力较强，因此不必过于担心。但是收获期偶尔会发现蚜虫，请及时检查叶子背面，一经发现立即捕杀。
>
> 此外，有时也会发现潜蝇类害虫。如果虫害较为严重，则需喷洒最佳卫士液剂进行驱除。

腋芽也可用手折断收获。

日本芜菁

给予日本芜菁充足的水分与养分
是栽培成功的关键

遇到以下情况怎么办？

· 叶子没有精神→请保持土壤湿润。

· 冬天叶子发黄→用冷布等防霜。

是否适合连作：不适合（应间隔1~2年）。

花盆栽培要点：选择小株品种，在深15cm以上的花盆里用条播的方式播种（如果种植两列则需间隔10~15cm）。发芽后需进行疏苗，植株间隔3cm，然后培土。当幼苗生长到20cm高时，再次疏苗后可进行部分收获以及追肥。株高25cm左右时即可全部收获。

主要营养素：胡萝卜素、维生素C、维生素E、叶酸、钙、铁、膳食纤维。

推荐食用方法：日本芜菁是脆咸萝卜锅的精髓。也可以做成沙拉。

种子

花盆栽培的样子

●…播种　▲…栽苗　■…收获

栽培日历		3	4	5	6	7	8	9	10	11	12	1	2
作业	寒冷地带		●		■								
	中间地带	●		■									
	温暖地带	●		■									

请在肥沃且保水性好的土壤中进行栽培

日本芜菁很早之前便传入京都，经过品种改良后成了京都的传统蔬菜。在日本关西被称为水菜，日本关东则多为京菜。

植株的根部长出的许多分枝（植株根部会长出很多腋芽）需要大量的水分，因此需要在肥沃且保水性好的土壤中进行栽培。生长过程中会长出很多枝叶，有些品种可长至4~5kg重，因此需要注意植株的重量。

日本芜菁叶子顶部尖细且叶身开叉，口感醇香，一般多用在腌咸菜或者锅物料理中，最近也很流行做成沙拉。此外，叶身无开叉的壬生菜是日本芜菁的变种。

日本芜菁的品种分为大株品种与小株品种。

1.整理土壤、播种

请保持土壤湿润

在此对秋种的顺序进行说明。

播种前两周，将石灰按150g/m²的用量撒在土地里并翻土混合均匀。播种前一周将堆肥按2kg/m²的用量、化肥按100g/m²的用量撒在土地里，翻土混合均匀。培垄，垄宽60cm、高10cm。

将小株品种用条播的方式播种两列，列与列间隔20~30cm；大株品种间隔30cm，每一处用点播的方式撒7~8粒种子。播种后轻轻用土覆盖，浇足量的水，之后请保持土壤湿润。

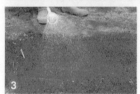

垄上需挖种植沟再播种（大株品种采用点播的方式）。轻轻用土覆盖再浇足量的水。

2.疏苗、追肥、培土

严冬时期盖上冷布防霜

当采用条播方式栽培的小株品种的真叶长出3~4片时需进行疏苗，植株间距5~6cm，将化肥按30g/m²的用量施肥，轻轻培土。

采用点播的大株品种的真叶长出1~2片时进行疏苗，留下3株，真叶长出3~4片时疏苗，留下2株，真叶长出6~7片时留下1株，之后需追肥2~3次，每次将化肥按30g/m²的用量施在植株间并轻轻培土。在严冬时节叶子会有所发黄，因此需要盖上冷布防霜。

对小株品种进行疏苗，植株间距5~6cm，追肥，再轻轻培土。

3.收获（播种后过30~40天）

从根部剪断即可收获

小株品种长到25cm高，大株品种在12月~次年1月快速长大后，即可从植株根部剪断收获。

从植株根部剪断收获。

> **病虫害防治**
>
> 日本芜菁容易招惹蚜虫、夜盗虫等害虫，可以选择喷洒农药等方式彻底驱除。特别是蚜虫可能成为各种疾病的媒介，因此需要特别注意。
>
> 此外，连作会导致根瘤病、软腐病、立枯病等，因此需要避免连作。

三池大芥菜

叶辣菜

芥菜

有芥末的辣味与醇香，最适合做成腌菜或白灼菜

遇到以下情况怎么办？

· 发育不良→在适当的时期进行播种。

· 植株较小→加大间距。

是否适合连作：不适合（需间隔2~3年）。

花盆栽培要点：在大型花盆里每隔10cm挖一个种植坑，每个坑里撒5~6粒种子，轻轻用土覆盖后再浇水。发芽后进行疏苗，留下3株小苗，真叶长出2~3片时留下2株，真叶长出5~6片时留下1株。每月施两次追肥，每次添加10g化肥。植株长至20cm高左右时，可从植株根部折断进行收获。

主要营养素：胡萝卜素、维生素C、叶酸、维生素K、钙、钾。

推荐食用方法：可做成腌菜或沙拉。芥菜的辣味可激起人们的食欲。

●…播种　▲…栽苗　■…收获

栽培日历		3	4	5	6	7	8	9	10	11	12	1	2
作业	寒冷地带		●		■								
	中间地带	●			■			●			■		
	温暖地带	●		■				●			■		

抗寒、抗热能力强，可栽培的时间很长

　　芥菜与在日本西部为做成腌菜而广泛培植的大芥菜同科。芥菜叶子呈齿状，上面有很多细小的绒毛。

　　芥菜抗寒、抗热的能力较强，能够在短期内收获，因此可栽培的时间很长。春季播种为3~4月播种，5月下旬~7月收获；夏季播种为6月上旬~7月上旬播种，9~10月收获；秋季播种为9~10月播种，12月~次年4月收获。一般来说，推荐在寒冷地区进行春季播种，在温暖地区进行秋季播种。此外，小株品种培植时可缩短植株间距，大株品种培植时则需要一定的培植空间。

1.整理土壤、播种
用点播的方式在每个坑里撒5~6粒种子

播种前两周，将石灰按100g/m²的用量撒在土地里，翻土混合均匀。播种前一周将堆肥按2~3kg/m²的用量、化肥按100g/m²的用量撒在土地里，翻土混合均匀。培垄，垄宽60cm、高10cm。

在垄上每隔10cm挖一个坑，共播种两列，列与列间隔30cm，再用点播的方式在每一个坑中撒5~6粒种子。播种后盖上土壤和谷壳，再浇足量的水。

在垄上每隔10cm挖一个坑，每个坑中撒5~6粒种子。播种后盖上土壤以及谷壳，再浇足量的水。

2.疏苗、追肥
发芽后疏苗，留下3株苗

发芽后进行疏苗，留下3株；真叶长出2~3片时疏苗，留下2株；真叶长出5~6片时疏苗，留下1株。如果想要培植出较大的植株，则最终的间距应为20cm左右。

第二次疏苗后以及株高10~12cm时进行追肥，将化肥按30g/m²的用量施加在两列之间，然后用土轻轻盖上即可。

发芽之后进行疏苗，留下长势较好的3株幼苗，然后用手轻轻培土。

病虫害防治

很多人认为芹菜味辣，可能会较少发生虫害，其实不然，芹菜容易发生虫害。

主要的害虫有蚜虫、青虫、菜蛾、夜盗虫等。一经发现需立刻捕杀，也可以喷洒药剂。

此外，也可以搭设拱形支架、盖上冷布等防治虫害。

3.收获（播种后过60~100天）
长到20cm高左右时即可收获

株高20cm左右时便可以开始收获。秋种春收时需等到植株生长到30~40cm高时收获。此外，春季播种的情况下，如果植株抽薹了，需连根拔起整个植株进行收获。

只摘取叶子时可从根部将叶茎折断。

芝麻菜

具有芝麻的香气以及辛辣的口感

遇到以下情况怎么办？

· 发生虫害→请认真做好防虫工作。

· 发育不良→更改播种时间。

是否适合连作：不适合（应间隔2~3年）。

花盆栽培要点：在深15cm以上的花盆里挖两条种植沟，沟与沟间隔10~15cm，用条播的方式进行播种。种子很小，只需覆盖薄薄的一层土即可，用手轻轻按实再浇水。待真叶长出1~2片时需进行疏苗，植株间距3~4cm，待真叶长出3~4片时需追加10g化肥并培土。株高15cm时即可收获。

主要营养素：胡萝卜素、维生素C、维生素E、维生素K、钾、钙、镁、磷。

推荐食用方法：推荐做成沙拉。

花

种子

●…播种　▲…栽苗　■…收获

栽培日历		3	4	5	6	7	8	9	10	11	12	1	2
作业	寒冷地带			●	■								
	中间地带		●	■				●	■				
	温暖地带	●	■					●	■				

全年都能栽培，春秋更为容易

　　芝麻菜原产于地中海沿岸。其拥有芝麻的香气，味辛辣，微苦，因此常常用在沙拉、荤菜或炒菜中。从明治时期芝麻菜便开始在日本被推广，但没有得到普及，近几年重新进行推广后才逐渐被大众接受。

　　芝麻菜适合生长的温度为16~20℃，喜阴凉气候。其抗寒能力强，但抗高温、抗阴湿、抗干燥能力较弱，因此在夏天或梅雨季节要增加遮光或防雨工作。除此以外无须太多管理，并且其生长很迅速，因此即便是初学者也很容易上手。

　　虽然全年都能栽培，但是春秋更为容易。春~初夏期间种植约需30天，秋天则需要40天左右。

1.整理土壤、播种
用条播的方式播种

　　播种前两周将石灰按100g/m²的用量撒在土地里并且翻土混合均匀，播种前一周将堆肥按2~3kg/m²的用量、化肥按100g/m²的用量撒在土地里，翻土混合均匀。培垄，垄宽60cm、高10cm。

　　在垄上挖出3条种植沟，沟与沟间隔15cm，用条播的方式进行播种，种子间隔1cm。种子很小，因此只需用薄土覆盖，轻轻用手按实并浇水。以后请保持土壤湿润。

在垄上挖出种植沟后再播种，用手捏起一点土覆盖种子，最后用手按实。

2.疏苗、追肥
疏苗，植株间距4~5cm

　　等到真叶长出1~2片时可进行疏苗，植株间距4~5cm。等到真叶长出3~4片时可进行追肥，将化肥按30g/m²的用量施在垄间，并在植株根部轻轻培土。

　　夏天虫害较多，可盖上防虫网或者冷布预防。

长出后真叶可进行疏苗，植株间距4~5cm。

病虫害防治

　　与其他十字花科蔬菜一样，芝麻菜的虫害也很多。特别是春~夏期间，会经常招惹菜蛾和蚜虫，一经发现需要立即捕杀或者喷洒药剂将其清除。

　　此外，如果覆盖防虫网或冷布则可实现无农药栽培。

3.收获（播种后过约40天）
生长到15cm高左右时即可收获

　　等到株高15cm左右时可收获。从根部将植株整个剪断即可；如果想要长期摘取，则每次只摘取想要的部分，叶子就会不断生长。

从根部剪断即可；如下图一样只摘取必要的部分则可长期收获。

生菜

生菜较为容易栽培，
推荐在家庭菜园里种植

遇到以下情况怎么办？

· 抽薹但不结球→请在春天或秋天播种。

· 叶片不够大→认真确定植株间距。

是否适合连作： 不适合（应间隔1~2年）。

花盆栽培要点： 在深20cm左右的花盆里种植已长出4~5片真叶的幼苗，植株间距20~25cm，再浇足量的水。之后请保持土壤湿润，结球后可在植株根部施加10g化肥。用手按压结球部分，如果紧实即可收获。切口渗出乳液并不是生病，而是代表很新鲜。

主要营养素： 胡萝卜素、钾、膳食纤维。

推荐食用方法： 推荐做成沙拉，生菜炒饭也不错。

生菜（绿叶品种）

生菜（红叶品种）

散叶生菜

● …播种　▲…栽苗　■…收获

栽培日历		3	4	5	6	7	8	9	10	11	12	1	2
作业	寒冷地带		▲	■				▲	■				
	中间地带	▲		■					■	叶生菜			
	温暖地带	▲	■						■				

生菜容易抽薹，因此请保持夜间黑暗

　　生菜原产于地中海沿岸。其适合生长的温度为15~20℃，喜阴凉气候，适合在春秋培育。温度超过25℃时不易结球且植株容易腐烂，因此夏天培育较难。

　　此外，白天较长时容易抽薹，因此请避免将路灯以及接近阳台外灯的地方作为种植地点。

　　家庭菜园栽培的生菜一般都是种植市场售卖的幼苗，适合种植的时期为春天（3月中旬~4月）以及秋天（9月中旬~10月上旬）。

在花盆里栽培的生菜

1.整理土壤、栽苗

栽苗时植株间距30cm

播种的前两周将石灰按100g/m²的用量撒在土地里并且翻土混合均匀，前一周将堆肥按2kg/m²的用量、化肥按100g/m²的用量撒在土地里，翻土混合均匀。栽苗前培垄，垄宽60cm、高10cm。

种植时间为3月中旬~4月或9月中旬~10月上旬。购买已长出4~5片真叶的幼苗，种植时植株间距30cm并浇足量的水。

每隔30cm在地膜上挖一个种植坑，注入足量的水（❶❷）。种植，轻轻按压植株根部土壤，最后浇水即可（❸❹）。

水被土壤吸收之后从花盆里拔出幼苗，用浅栽的方式进行

2.追肥

从地膜间隙处给植株根部施肥

卷心生菜在开始结球时和叶生菜的株高长至7~8cm时需要进行追肥。将化肥按30g/m²的用量从地膜间隙施在植株根部。

拔开外侧枝叶在植株根部施肥。

在生菜开始结球时施追肥。

> **病虫害防治**
>
> 发现害虫时，必要的时候需要喷洒药剂来驱除，但生菜以生食为主，如果在恰当时期种植加正确的管理，则可减少害虫的数量，不使用药剂。
>
> 请注意尽早采取对策，如用冷布或者尽早将生病的植株移除等。

3.收获（种植后过约50天）

注意尽早收获

卷心生菜种植后过大约50天，叶生菜种植后过大约30天可以收获。用手按压卷心生菜结球的部分，如果较为紧实则可收获。叶生菜的叶子长至25cm长时则可从根部切断或依次摘取叶子来收获。

卷心生菜

叶生菜

避开外侧已散开的叶子，从根部切断卷心部分。

栽培中的白菜

| 十字花科 | 难度★★★☆☆ |

白菜

大家都很熟悉的冬季蔬菜，推荐中级者栽培

遇到以下情况怎么办？

· 结球不够紧实→请按时播种。

· 结球较小→注意追肥，不要断肥。

是否适合连作： 不适合（需间隔2~3年）。

花盆栽培要点： 迷你品种可以使用花盆栽培。在深30cm以上的大型花盆里种植已长出5~6片真叶的幼苗，植株间距30~35cm，浇水。待真叶长出10~15片时需在植株根部施加10g化肥，然后培土。开始结球时在植株根部施追肥，培土。用手按压结球的部分，如果紧实则可从根部割断收获。

主要营养素： 维生素C、钾、钙、膳食纤维。

推荐食用方法： 推荐做汤锅或腌菜。

●···播种　▲···栽苗　■···收获

栽培日历		3	4	5	6	7	8	9	10	11	12	1	2
作业	寒冷地带						●▲		■				
	中间地带						●	▲		■			
	温暖地带						●	▲		■			

播种的时期是栽培成功的关键

　　白菜原产于中国，适合生长的温度为15~20℃，喜阴凉气候。白菜作为冬季蔬菜的一种，深受日本人民的喜爱，但它却是在明治时期才传入日本，栽培历史较为短暂。

　　栽培白菜最重要的是要在适当的时期播种。适合的时期是在8月下旬~9月上旬，如果播种时间过早，天气太热导致白菜容易患病，播种时间过晚，则白菜生长时间过长会错过结球的时期。此外，需避免和十字花科的蔬菜连作，必须采取防虫措施。

　　依据结球的程度，白菜可分为卷心种和半卷心种，其中卷心种又可分为从叶尖开始抱合的抱被型和叶尖不抱合而是相对生长的抱合型。一般来说，多用于栽培的是抱被型品种。

1.播种
用花盆育苗

8月下旬~9月上旬播种、育苗。

在直径9cm的花盆里放入培养土，戳出4~5个小坑，每个坑里撒1粒种子。

发芽后进行疏苗，留下3株长势和叶子形状较好的幼苗。其后（20天左右）当真叶长出3~4片时则可移栽。

用手指戳出小坑，在坑里撒种子，用土覆盖后浇水。发芽后进行疏苗，留下3株幼苗。

2.整理土壤
挖沟、施基肥

移栽前两周将石灰按150g/m²的用量撒在土壤里，翻土混合均匀。

移植前一周培垄，拉细绳确定垄宽为60~70cm，在中央

挖一条深15cm左右的沟，并将堆肥按2kg/m²的用量、化肥按100g/m²的用量填埋于沟中。培垄，垄高10cm，并平整表层土壤。

依据垄的宽度在两侧拉绳，在中间挖沟并施基肥。填埋基肥后培垄，并平整垄的表面。

3.栽苗
栽苗时植株间距40~45cm

在垄上每间隔40~45cm挖一个种植坑并注入足量的水。水被土壤吸收之后将幼苗从花盆移栽到土壤中，再浇足量的水。

栽苗时正是小菜蛾与青虫高发的时期，最好搭拱形支架、盖上冷布等防止害虫入侵。

将幼苗放入种植坑中，轻轻培土，并按实植株根部土壤。栽苗后浇足量的水。

4.疏苗、追肥、培土

每隔15天追肥一次

待真叶长出5~6片时，每个坑里留下长势较好的两株幼苗；真叶长出8~10片时，每个坑里留下长势较好的一株幼苗。

此外，在移栽后需每隔15天将化肥按30g/m²的用量撒在土壤中进行追肥并培土，以促进白菜生长。

第二次作业

真叶长出5~6枚时需进行第二次疏苗，拔除长势较差的幼苗，并在植株间追加肥料，用铁锹等在植株根部培土。

第三次作业

真叶长出8~10片时应进行第三次疏苗。拔除长势较差的一株，每个坑里只留下一株幼苗。

为了促进生长，需每隔15天进行一次追肥和培土工作。

190

5.防寒作业
必须在初霜后进行

初霜来临时需进行防寒工作，可将白菜的外叶用绳子捆扎起来。捆扎后可增强防寒能力，保护卷心部分。

但是，如果这项工作进行过早，白菜内部就会成为害虫的最佳住所。因此必须在初霜来临后进行。

捆扎外叶，用绳子在植株的中间进行捆扎，之后在中部靠上的位置捆扎一次。

病虫害防治

白菜抗病虫害能力较弱，在高温或梅雨时节都较容易发生病害，此外连续栽培容易引发根瘤病，因此请避免连作。选择CR乡风等抗病能力强的品种也能很好地防止病虫害。

害虫较多时，一旦发现就应喷洒药剂【对蚜虫需喷洒按1：100稀释的奥菜托液剂、对青虫和小菜蛾需喷洒按1：1000稀释的托奥罗流剂CT（BT水和剂）】，请认真做好除虫工作。

也可以搭设拱形支架并盖上冷布等来防虫。

6.收获 （播种后过65~70天）
卷心紧实后即可收获

用手按压卷心的部分，如果紧实则可依次收获。

从播种到收获的期间，早生品种需65~70天；中生、晚生品种需80~100天。

用手压住外叶，用刀从根部割断。

芹菜

具有独特的香味和口感，味道特别的香味蔬菜

遇到这样的情况怎么办？

· 叶柄是绿色的→做好遮光工作。

· 长势差→盖上地膜，仔细浇水。

是否适合连作：不适合（需要间隔3~4年）。

花盆栽培要点：迷你芹菜和汤芹菜适合用花盆栽培。在深20cm以上的花盆里间隔25~30cm栽种长有6~7片真叶的菜苗，浇足量的水。之后做好浇水工作，不要让土壤干燥。约20天后施10g化肥作为追肥。每隔20~30天在植株根部和植株之间施等量的追肥。迷你芹菜长至20~30cm高时即可收获。

主要营养素：钾、膳食纤维、芹菜碱。

推荐食用方法：蘸味噌生吃，或者用来做腌菜。

●…播种　▲…栽苗　■…收获

栽培日历		3	4	5	6	7	8	9	10	11	12	1	2
作业	寒冷地带					▲		■					
	中间地带					▲			■				
	温暖地带					▲			■				

迷你芹菜和汤芹菜栽培起来较为容易

据说芹菜原产于地中海沿岸。其有着独特的香气和口感，用途广泛，可以用来生食、炒菜或水煮。

芹菜适合生长的温度为15~20℃，喜阴凉气候，25℃以上的环境下会发育不良，容易生病。另外，芹菜不喜干燥，在富含有机物以及湿度适合的土壤里能较好生长。

从种子开始培育时，基本采取初夏播种、秋冬收获的方式，即5~6月播种，10月开始收获。但还是推荐购买市面出售的幼苗进行栽培，更加方便、简单。

1.整理土壤

施足量的基肥

栽苗前两周，在整片土壤上按150~200g/m²的用量撒石灰，仔细翻土混合均匀。播种前一周，按4~5kg/m²的用量播撒堆肥和按150g/m²的用量播撒化肥，翻土混合均匀。培垄，垄宽60cm（种植两列的话则垄宽80~100cm）、高10cm。

在播撒过石灰、仔细翻土混合均匀过的田地里施足量的基肥，认真翻土混合均匀，培垄，垄宽60cm（种植两列的话则垄宽80~100cm）、高10cm。

2.栽苗

7月左右进行移栽

栽种商品苗就在7月左右进行。选择已经长出6~7片真叶，叶片和茎有弹性的小苗。

植株间距25~30cm，列与列间隔45cm，挖出种植坑，浇足量的水。水被土壤吸收后栽苗，用手轻轻压实根部的土壤。再次浇足量的水。之后仔细观察土壤状态并进行浇水工作，保持土壤湿润。

❶选择已经长出6~7片真叶，叶片和茎有弹性的小苗。
❷间隔25~30cm挖出种植坑。
❸在坑里浇足量的水。
❹水被土壤吸收后栽苗，用手轻轻压实根部的土壤。再次浇足量的水。

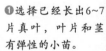

3.铺设稻草
防止干燥和溅泥

为防止干燥和溅泥带来的污染和病害，需要铺设稻草。

杂草特别多的地方可以铺设黑色地膜防杂草，但同时地温会变高。为了防止地温变得过高，要在地膜上铺设稻草。

在垄与垄之间铺设足量的稻草。

两侧也铺好稻草。

4.追肥
分3次进行

追肥分3次进行。第1次在栽苗20天后，第2~3次每隔30天进行1次。

在植株根部和植株之间、在稻草的缝隙中撒化肥，用量为30g/m²。

在稻草的缝隙中撒化肥。

不需要培土。

病虫害防治

在夏季高温期，容易因缺乏石灰生黑色腐芯病，需要每隔一周播撒按1：200稀释的氯化钙。

其他病虫害也容易在6~7月的梅雨季节和8月的高温期出现。主要病虫害有枯叶病和蚜虫。枯叶病用按1：600稀释的正侧水溶剂80，蚜虫用按1：100稀释的奥莱托液剂进行防治。

5.软白作业
做好遮光作业就能培育出软嫩的芹菜

如果想培育出像果蔬店售卖的茎很白嫩的芹菜，就要做好软白作业。做好遮光工作，就能培育出软而直的茎。

植株长到20~30cm高时，用防水性强的厚纸或纸板遮盖住整个植株，收获前都不要取下。

用防水性强的厚纸或纸板遮盖住整个植株，上下各用绳子轻轻绑一圈，收获前都不要取下。

6.收获（栽苗后过80~90天）
成熟后整株收获

栽苗后过80~90天就迎来了收获期。一般来讲，第一节茎的长度达20cm以上就进入了最佳收获期，植株长度在30~40cm的嫩芹菜也很好吃。

需要注意，错过收获期口感会变差。

有做遮光处理的植株进入收获期后，先取下遮光罩，再压住茎和叶，用小刀割断植株根部。

遮光处理能使茎长得又白又直（左），不做遮光处理的茎就会长得又绿又粗（右）。

鸭儿芹

在背阴处也能栽培好，栽种非常方便的香味蔬菜

遇到这样的情况怎么办？

· 植株枯萎→避免连作。

· 发芽情况不均衡→减少埋住植株的土壤，保持土壤湿润。

是否适合连作： 不适合（需要间隔3~4年）。

花盆栽培要点： 在深20cm以上的花盆里挖出两列浅沟，间隔10~15cm，播种后盖上薄薄的一层土。注意保持土壤湿润。长出2~3片真叶时进行疏苗，保持3cm的植株间距。长出4~5片真叶时施10g化肥，进行培土。植株长到10~15cm高时，进行第2次追肥、培土。长到15~20cm高时从距离根部4~5cm的地方剪断收获。

主要营养素： 胡萝卜素、维生素C、钾、膳食纤维。

推荐食用方法： 撒在汤里增添香味。

栽培中的样子

● …播种　▲…栽苗　■…收获

栽培日历		3	4	5	6	7	8	9	10	11	12	1	2
作业	寒冷地带			●	■								
	中间地带		●		■			●					
	温暖地带		●		■								

注意保持土壤湿润

　　鸭儿芹原产于日本等东亚国家，野生于山地等湿润的半背阴处，可以长至50~60cm高。在背阴处也能长得很好，但害怕霜，光照太强的地方和高温环境下长势会变差。

　　鸭儿芹适合在20℃左右的环境下发芽，播种在4~6月或9~10月进行。另外发芽必须保证一定的光照，掩埋种子的土壤可以少一点。但是土壤干燥会影响发芽和长势，需要注意保持土壤湿润。要注意避免连作，否则可能会发生植株枯萎等。在日本，鸭儿芹品种有大阪白茎鸭儿芹、关西白茎鸭儿芹等，但根据栽培方法，可以分为对植株做遮光处理、收获

前恢复光照的切鸭儿芹，和通过培土使茎软白化的根鸭儿芹，以及不进行软白作业、可以短时间内栽培的青鸭儿芹（丝鸭儿芹）等。以前日本东部多栽培经软白处理过的鸭儿芹，日本西部多栽培青鸭儿芹，但近年来青鸭儿芹在全日本范围内普及了。青鸭儿芹比较容易种植，有兴趣的话请一定尝试挑战一下香味更浓郁的根鸭儿芹。

1.整理土壤、播种

盖上极薄的一层土即可

  播种前两周，按100g/m²的用量撒石灰翻土，播种前一周，按2kg/m²的用量播撒堆肥和按100g/m²的用量播撒化肥，翻土混合均匀。播种前培垄，垄宽45~50cm、高10cm。

  在垄上间隔15cm挖出两列1cm深的种植沟，播种后盖上薄薄的一层土，浇水。之后做好浇水管理，保持土壤湿润。

在垄上挖出两列1cm深的种植沟，播种。

盖上薄薄的一层土，用手轻轻按压，然后浇足量的水。

3.收获（播种后过约50天）

收获后进行追肥促进再生

  植株长到15~20cm高时，从距离根部4~5cm的地方剪断收获。

  收获后再次进行追肥和培土的话，会长出新芽。一株鸭儿芹大概能收获3次。

> **病虫害防治**
>
>   常见的疾病有露菌病、立枯病、根腐病等。可以通过喷洒农药、发现病株立即直接拔出等方法防治。
>
>   蚜虫是很多疾病的媒介，发现后需要立即捕杀，或喷洒按1：100稀释的奥莱托液剂彻底驱除。

2.疏苗、追肥、培土

进行两次追肥

  长出2~3片真叶时进行疏苗，留下长势好的小苗，植株间距3cm。长出4~5片真叶时，施用量为30g/m²的化肥作追肥，培土。植株长到10cm高左右时，按照同样的方法进行追肥、培土。

长出2~3片真叶时进行疏苗，拔掉长势不好的小苗，保持3cm植株间距。

从距离根部4~5cm的地方剪断收获，进行追肥、培土、浇水等工作，可以促进植株再生。

欧芹

在狭窄的院子边缘也可轻松栽培

遇到这样的情况怎么办？

· 长势差→留下10片以上的叶片进行收获。

· 叶片变黄→做好施肥和浇水工作。

是否适合连作：不适合（需要间隔1~2年）。

花盆栽培要点：在深20cm以上的花盆里间隔30cm栽种小苗，浇足量的水。每月施1~2次追肥，每次施10g化肥在植株根部，培土。长出15片以上的真叶后即可收获。收获后也每月进行1~2次追肥、培土，以促进生长。

主要营养素：胡萝卜素、维生素C、叶酸、铁、洋芹醚。

推荐食用方法：可以搭配刺身等食用，多作各种配菜，或者用来做菜肉烩饭。

花盆栽培的样子

种子（平叶品种）

● ···播种　▲···栽苗　■···收获

栽培日历		3	4	5	6	7	8	9	10	11	12	1	2
作业	寒冷地带			▲		■							
	中间地带	▲			●		■						
	温暖地带			●			■		▲		■		

5月种植7月即可收获

　　欧芹原产于地中海沿岸，适合在15~20℃的环境下生长，喜好凉爽气候。从古希腊、古罗马时代就被作为药物和香辛料而为人类利用，欧芹营养价值很高，是一种人气极高的健康蔬菜。

　　欧芹栽培方法很简单，选择光照好的地方和排水性、透气性好的土壤，即使是在狭窄的土地或花盆里也能种好。

　　栽培一般分为春季栽培和初夏栽培。前者为（春季播种）5月栽苗，7月开始收获；后者为（初夏播种）让植株以小苗的状态度过夏季，9月左右栽苗，10月左右开始收获。

在土壤中戳出小坑，种下7~8粒种子。长出1~2片真叶时和长出4~5片真叶时分别进行疏苗、追肥，只留两株小苗。长出5~6片真叶时进行移栽。

1.整理土壤、栽苗

提高土壤的排水性和透气性

栽苗前两周，按100g/m²的用量撒石灰，深耕土壤，混合均匀。播种前一周，按2kg/m²的用量播撒堆肥和按100g/m²的用量播撒化肥，翻土混合均匀。

培垄，垄宽30~40cm、高10cm。间隔20cm挖出种植坑，浇水。水被土壤吸收后栽苗，轻压植株根部土壤，浇足量的水。直接在地里播种也很好栽培，但购买商品苗直接移栽会更简单。

在垄上挖出种植坑，浇足量的水。水被土壤吸收后栽苗，再次浇足量的水。

2.追肥、培土

每月施1~2次追肥

追肥频率在每月1~2次，每次按30g/m²的用量撒化肥在植株根部，施肥后轻轻培土。

另外，种植欧芹的土壤会很容易干燥，所以可以铺稻草或地膜。这样既可以防止土壤干燥，还能促进植株生长。

在植株根部施追肥，用锄头等工具轻轻培土。

3.收获（栽苗后过约60天）

从外侧叶片开始收获

长出15片以上真叶后开始收获。每株大概摘2~3片。从外侧长势好的叶片开始收获。缺肥会导致长势不好，开始收获后，也要以相同的频率继续进行追肥、培土。

用手固定住植株，从外侧叶片开始按照需要的分量摘取。

病虫害防治

蚜虫和金凤蝶幼虫比较常见。出现金凤蝶幼虫2~3天后，叶片就有可能被蚕食干净，所以一旦发现要立即捕杀。

出现霜霉病要喷洒按1：1000～1：800稀释的卡利绿剂进行防治。

卷心菜

非常常见的蔬菜，推荐初学者夏季播种

遇到这样的情况怎么办？

· 生长过程中发生倒伏→做好培土工作。

· 过冬后抽薹→推迟播种时间。

是否适合连作： 不适合（需要间隔2~3年）。

花盆栽培要点： 适合栽种迷你品种。在深30cm以上的大型花盆里栽种长有5~6片真叶的小苗（栽种两株的话植株间距40cm）。多浇水，在光照好的地方栽种。长出10~15片真叶后施10g化肥，培土。开始结球后施追肥，在植株根部堆一些新土。菜球直径长到15cm左右后进行收获。

主要营养素： 维生素C、叶酸、维生素U、钾、钙。

推荐食用方法： 用来做卷心菜包肉、沙拉都很不错。

●…播种　▲…栽苗　■…收获

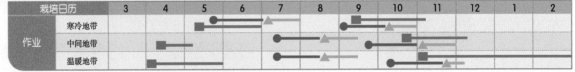

栽培日历		3	4	5	6	7	8	9	10	11	12	1	2
作业	寒冷地带												
	中间地带												
	温暖地带												

容易发生虫害，做好防治工作

　　卷心菜原产于地中海沿岸，适合在20℃左右的凉爽气候条件下生长。

　　卷心菜用途广泛，可以做沙拉、炒菜、炖菜、腌菜等。其富含维生素C以及维生素U，是一种营养价值很高的健康蔬菜，极具人气。

　　栽培方法有两种，夏季播种在7月中旬~8月中旬进行，10月下旬~12月上旬收获，秋季播种在9月下旬~10月进行，次年4月中旬~5月上旬收获。但是要注意，如果真叶长出10片左右，低温会导致卷心菜长出花芽，之后气温上升后就会抽薹。秋季播种时，用于栽种的菜苗的状态非常重要。

1.播种

用花盆育苗

　　将培养土装入直径9cm的花盆，戳出5~6个小坑，每个坑中种1粒种子。

　　发芽后疏苗，留下3株小苗；长出2片真叶后再次疏苗，留下2株小苗；长出3片真叶后最后一次疏苗，只留下1株小苗。长出5片真叶后即可进行移栽。

用手指戳出小坑种下种子，用土埋好后浇足量的水。

2.整理土壤

注意不要和十字花科蔬菜连作

　　选择1~2年没有栽培过十字花科蔬菜的土壤进行栽种。

　　栽种前两周，按100g/m²的用量撒石灰，仔细翻土，混合均匀。

　　栽种前一周，施堆肥（2kg/m²）和化肥（100g/m²），仔细翻土，混合均匀。培垄，垄宽60cm、高10cm，平整表面土壤。

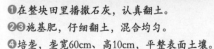

❶在整块田里播撒石灰，认真翻土。

❷❸施基肥，仔细翻土，混合均匀。

❹培垄，垄宽60cm、高10cm，平整表面土壤。

3.栽苗
植株间距40cm，种得深一点

在垄上间隔40cm挖出比菜苗的根球更深一些的种植坑，浇足量的水，水被土壤吸收后，将菜苗从花盆中拔出移栽到田地里，用手轻轻压实根部土壤，浇足量的水。之后看到土壤干了就浇透。

①在垄上挖出较深的种植坑，浇足量的水。

②移栽好菜苗，轻轻压实根部土壤。

③再次浇足量的水。

4.追肥、培土
做好培土工作以保持植株稳定

夏季播种的话，第一次追肥就在真叶长至10片左右时进行，秋季播种的话就在2月下旬~3月上旬进行。

在植株之间和垄间施化肥（30g/m²），堆足量土在植株根部，做好培土工作，以稳定植株，但注意不要埋住下方的菜叶。

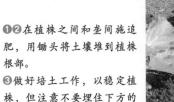

①②在植株之间和垄间施追肥，用锄头将土壤堆到植株根部。
③做好培土工作，以稳定植株，但注意不要埋住下方的菜叶。

5.追肥、培土
做好培土工作，保障充分供氧

夏季播种的话，第二次追肥就在第一次追肥后过20天左右，秋季播种的话就在卷心菜开始结球的时候（太早给肥的话会导致卷心菜长得太快，春天就容易抽薹）进行。

在垄间施化肥（30g/m²），培土。培土也是给蔬菜的根系充分供氧的一种保障措施，一定要认真做好。

在垄间施追肥，用锄头将土堆到蔬菜根部。

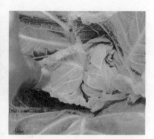

秋季播种的话，就在如上图卷心菜开始结球的时候进行追肥。

6.收获（播种后过90~100天）
菜球长紧实后即可收获

结球后的菜叶长大，用手按压一下觉得菜球很紧实了的时候就可以收获了。

将最外层的菜叶剥开，用小刀从菜球的根部切下中间的菜球。

收获后，要记得收拾干净剩下的外层菜叶。

将最外层的菜叶剥开，从菜球的根部切下中间的菜球。

病虫害防治

卷心菜基本上会发生虫害。主要会出现青虫、蚜虫、菜蛾等，发现后就要马上捕杀，或者喷洒农药防治【对青虫和菜蛾等用按1：1000稀释的托奥罗流剂CT（BT水溶剂），对蚜虫可以用按1：100稀释的奥莱托液剂进行驱除】。也可以搭拱形的架子罩上无纺布、冷布等防止害虫的侵入。

另外，早春时节容易生菌核病，可以用按1：2000稀释的本雷托水溶剂进行防治。

西蓝花

花球和茎均可以利用的美味、健康蔬菜

遇到这样的情况怎么办?

· 花球长不大→在合适的时期栽苗。

· 被害虫啃食→做好防虫工作。

是否适合连作: 不适合（需要间隔2~3年）。

花盆栽培要点: 西蓝薹可以用花盆栽培。在深30cm以上的大型花盆中栽种已经长出5~6片真叶的小苗，浇足量的水。顶部的花球长到2cm长左右时，将花球下方的茎斜向剪断进行摘心，在植株根部施10g化肥，进行培土。侧芽的花球长到1日元硬币大小的时候剪下20cm长的茎进行收获，然后继续追肥、培土。

主要营养素: 胡萝卜素、维生素C、维生素E、叶酸、维生素U、铁、萝卜硫素。

推荐食用方法: 焯水后用来做沙拉或者奶油焗菜。

西蓝薹

西蓝花

●…播种　▲…栽苗　■…收获

栽培日历		3	4	5	6	7	8	9	10	11	12	1	2
作业	寒冷地带				●	▲		■					
	中间地带					●	▲		■				
	温暖地带					●	▲		■				

推荐夏季播种、秋季收获

　　西蓝花原产于地中海沿岸。它和卷心菜是近亲，是为了利用肥大化的花球经过品种改良的一种蔬菜。它营养价值很高，富含胡萝卜素、维生素C、维生素E等，还含有萝卜硫素，因此备受关注。

　　西蓝花喜好比较凉爽的气候，适合在20℃左右的温度下生长。幼苗时期比较耐高温，但在花球长大后就会变得不耐高温，所以应该在7月下旬~8月中旬播种育苗，10月下旬收获。

　　有播种后过75~80天即可收获的早生品种，还有90~95天收获的中生品种和大型的晚生品种。最近，花球下的茎软而长的西蓝薹成了家庭菜园的人气品种。

西蓝薹（左）和西蓝花（右）

1.播种
7月下旬~8月中旬进行

将培养土装入直径9cm的花盆，戳出5~6个小坑，每个坑中种1粒种子。发芽后疏苗，留下3株小苗；长出2片真叶后再次疏苗，留下2株小苗；长出3片真叶后最后一次疏苗，只留下1株小苗。长出5片真叶后即可进行移栽。

❶用手指戳出5~6个小坑，播种后再浇足量的水。

❷❸发芽后进行疏苗，只留下3株小苗。

2.整理土壤、栽苗、追肥
第一次追肥要在真叶长出10片时进行

栽种前两周，播撒石灰（100g/m²），翻土混合均匀。栽种前一周，确定好垄的范围，垄宽60cm，在中央挖一道20cm深的沟，施堆肥（2kg/m²）和化肥（100g/m²），用土埋好。培垄，垄高10cm。间距40cm，挖出种植坑后浇灌足量的水。水被土壤吸收后，从花盆里拔出菜苗进行移栽，轻轻压实根部的土壤，浇足量的水。

第一次追肥在真叶长出10片时进行，第二次在第一次追肥后过20天进行。以30g/m²的用量在植株间播撒化肥，培土。

在垄上挖出种植坑后浇灌足量的水。水被土壤吸收后进行移栽，轻轻压实移栽好的菜苗根部的土壤，浇足量的水。

在植株间施用量为30g/m²的化肥，培土。

3.收获（播种后过90~95天）
直径长至15cm左右即可收获

当顶部的花球长大，能够看清一个一个的小花球，整棵西蓝花长得非常紧实的时候，就是收获的最佳时期。茎的部分剥皮后也可以按照食用芦笋的方法食用。

花球的直径长至10~15cm时即可用刀割断茎进行收获。

病虫害防治

茎还比较软的时候多发虫害。一旦发现害虫就要立即捕杀，或者喷洒农药防治，对青虫和菜蛾等用按1:1000稀释的托奥罗流剂CT（BT水溶剂），对蚜虫用按1:100稀释的奥菜托液剂或按1:2000稀释的马拉松乳剂进行驱除。也可以铺无纺布、冷布，或使用防虫网等防止害虫的侵入。

花菜

花球白化的西蓝花变种

遇到这样的情况怎么办?

· 长势很差→不要浇太多的水,花菜不喜过于潮湿的环境。

· 花球不能完全白化→盖上叶片遮光,使花球软白化。

是否适合连作: 不适合(需要间隔2~3年)。

花盆栽培要点: 在大型花盆中栽种长出5~6片真叶的菜苗,浇足量的水。之后看到土壤干燥就浇水。长出10片真叶时施10g化肥在植株根部,培土。20天后施第二次追肥。能看到花球后将外层的叶片绑成束为花球遮光。花球长到直径15cm左右时进行收获。

主要营养素: 维生素C、叶酸、钾、膳食纤维。

推荐食用方法: 用来炒菜或做汤都很不错,用来做西式泡菜也很好吃。

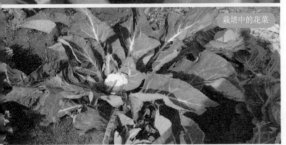

栽培中的花菜

●…播种 ▲…栽苗 ■…收获

栽培日历		3	4	5	6	7	8	9	10	11	12	1	2
作业	寒冷地带			●	▲			■					
	中间地带				●		▲			■			
	温暖地带				●	▲				■			

栽培方法和西蓝花基本相同

　　花菜是花球白化的西蓝花的一种变种。花菜的栽培方法和西蓝花基本相同,但喜好的生长温度比西蓝花更低一点,适合在15~20℃的环境下生长。花菜不耐高温和潮湿,栽培管理中应多加注意。栽培时期为7月中旬~8月上旬播种,8月中旬~9月上旬栽苗,11月上旬~次年1月中旬进行收获。

　　不同品种的花菜生长周期差别很大,要根据栽培的时间选择合适的品种。

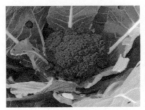

紫色花球品种

黄绿色花球品种

1.播种、整理土壤、栽苗

注意不要过量浇水

花菜播种和整理土壤的要领和西蓝花基本相同。移栽要在长出5~6片真叶时进行。在垄上间隔40cm挖出种植坑，浇灌足量的水。水被土壤吸收后栽苗，栽得浅一些，栽好后浇水。花菜不喜过于潮湿，之后看到土壤干燥了再浇水即可。

在花盆中播种育苗，长出5~6片真叶后进行移栽。移栽时要多浇一些水，之后需要控制浇水量不要过多。

2.追肥、培土

发现快要倒伏时做好培土工作

真叶长至10片左右时，在植株间施化肥（30g/m²），轻轻培土。第二次追肥在第一次追肥后过20天进行。发现植株快要倒伏时做好培土工作，以稳定植株。

另外，为了让花球完全白化，应该将外侧的叶片向内折，盖住花球后用绳子绑好、固定，为花球遮光，防止晒伤。

在植株间施追肥，用锄头等将土堆到植株根部。

想要让花球完全白化，就将外侧的叶片绑成束为花球遮光。

3.收获（播种后过约110天）

花球直径长到15~20cm时即可收获

花球直径长到15~20cm时即可收获。收获迟了的话花球间容易生出间隙，表面可能会变得粗糙，导致品质降低。所以需要注意收获时期。

用刀割断花球的根部进行收获。

> ## 病虫害防治
>
> 病虫害情况和应对方法与西蓝花基本相同。
>
> 仔细观察叶片的背面和中央，发现有害虫啃食的小洞就要注意寻找害虫了，一旦发现就要立即捕杀，或者喷洒药剂进行彻底驱虫。

抱子甘蓝

长长的茎上长着紧凑的小包菜

遇到这样的情况怎么办?

· 植株倒伏→做好培土工作。

· 不好好结球→做好摘叶工作。

是否适合连作: 不适合(需要间隔1~2年)。

花盆栽培要点: 在深30cm以上的大型花盆中栽种长出5~6片真叶的菜苗,浇水,放置在光照条件好的地方。栽种后过3周在植株间施10g化肥,之后每2~3周进行一次追肥。茎上开始长出侧芽后,从下向上依次摘叶(只留最上方的10片左右的叶子)。侧芽会从下向上依次长大,从直径长到2~3cm的菜球开始依次收获。

主要营养素: 和卷心菜基本相同。

推荐食用方法: 用来做奶油炖菜等炖煮菜肴非常好吃。

●…播种　▲…栽苗　■…收获

栽培日历		3	4	5	6	7	8	9	10	11	12	1	2
作业	寒冷地带			●	▲		■						
	中间地带					●	▲			■			
	温暖地带					●	▲			■			

在侧芽生出前用心培育强壮的茎

抱子甘蓝是卷心菜的一种变种,迷你的小卷心菜球会密密麻麻地生长在长长的茎上。

抱子甘蓝适合在13~15℃的环境下生长,比卷心菜更喜好凉爽气候,不耐高温,高温环境下侧芽难以结球。因此需要在7月上旬~下旬播种,11月中旬~次年2月收获。栽培方法和普通的夏季播种的卷心菜基本相同,但因其茎比较长,容易被风吹伤,且生长速度比卷心菜慢,栽培过程中需要注意这些点。想要大量收获的话,茎的直径最好要长到5cm以上,所以在侧芽生出前要用心培育强壮的茎。

抱子甘蓝的种子

1.栽苗、追肥、培土
栽苗后过20天进行第一次追肥

从播种到整理土壤、栽苗为止的步骤都和卷心菜相同。

栽苗后过20天进行第一次追肥，然后培土。之后每2~3周进行一次，一共进行3次。生长过程中植株容易倒伏，第二次追肥后要多堆一些土以稳固植株。

挖出种植坑后浇水，水被土壤吸收后栽苗。

在植株间和垄间施堆肥（30g/m²），培土，多堆一些土以稳固植株，但注意不要埋到下方的叶片。

2.摘叶
摘掉下方的叶片

茎上长出小小的菜球（侧芽）后，为了保障光照，要从下向上摘掉一些叶片。留下上方的10片左右的叶片即可。

❶❷茎上长出侧芽后，从下向上摘掉一些叶片。

❸❹摘叶后施追肥，进行培土。

3.收获（播种后过约110天）
菜球直径长至2~3cm时即可收获

侧芽结球的部分直径长至2~3cm时即可自下向上依次收获。叶片展开没有好好结球的、长势比较差的侧芽也可以一起摘掉。没有结球的侧芽也可以食用。

用剪刀将菜球从根部剪掉。

> **病虫害防治**
>
> 抱子甘蓝的病虫害情况和卷心菜相同。一旦发现青虫、蚜虫、菜蛾等害虫就要立即捕杀，或者喷洒农药进行驱除【对青虫和菜蛾等用按1：2000～1：1000稀释的托奥罗流剂CT（BT水溶剂），对蚜虫可以用按1：100稀释的奥莱托液剂等农药进行驱除】。
>
> 另外也可以搭设拱形支架盖上冷布等以防害虫入侵。

羽衣甘蓝

和卷心菜是近亲，适合用来做青汁的健康蔬菜

遇到这样的情况怎么办？

· 生长过程中可能会发生倒伏情况→做好培土工作。

· 下方的叶片变黄枯萎→做好追肥工作。

是否适合连作： 不适合（需要间隔2~3年）。

花盆栽培要点： 在深30cm以上的大型花盆里栽种长有5~6片真叶的菜苗（种植两株的话间隔40cm）。浇足量的水，选择光照好的环境进行栽培。长出10~15片真叶后施10g化肥。每月施两次追肥，在植株根部堆一些新土。

主要营养素： 维生素C、胡萝卜素、维生素B族、维生素U、维生素K、钙、钾、膳食纤维。

推荐食用方法： 常用来做青汁，焯一下水能减轻苦味；用来炒菜味道也很不错。

● …播种　▲ …栽苗　■ …收获

栽培日历		3	4	5	6	7	8	9	10	11	12	1	2
作业	寒冷地带												
	中间地带												
	温暖地带												

容易发生虫害，推荐秋季播种

羽衣甘蓝原产于地中海沿岸，适合在20℃左右的环境下生长，喜好凉爽的气候。羽衣甘蓝和卷心菜、西蓝花等蔬菜是近亲，但不会像卷心菜那样结球，也被称为不结球卷心菜。

羽衣甘蓝富含各种维生素、矿物质、膳食纤维等，营养价值很高，极具人气。其常用来做青汁，也可以用来炒菜。事先焯一下水可以减轻苦味，会更好吃。

栽培分为春季播种和夏季播种两种。前者在4月中旬~下旬播种，7月上旬~9月中旬收获；后者在6月中旬~8月中旬播种，9月上旬~12月下旬收获。但是夏季容易生青虫、菜蛾等害虫，推荐春季播种。

另外需要避免连作危害。应选择2~3年没有种植过十字花科蔬菜的田地进行栽培。

1.播种、整理土壤、栽苗
在花盆中播种育苗

羽衣甘蓝的播种和整理土壤的注意点和卷心菜基本相同。栽苗要在真叶长出5~6片时进行。在垄上间隔40~45cm挖出较深的种植坑，浇灌足量的水。水被土壤吸收后栽苗，之后再次浇水。

在花盆中播种育苗，在真叶长出5~6片时栽苗。

2.追肥、培土
追肥后认真做好培土工作

真叶长出10~15片时，在植株间和垄间施化肥（30g/m²），认真做好培土工作，以防植株倒伏。

❶在植株间和垄间施化肥，用锄头将土堆到植株根部。
❷认真做好培土工作，注意不要让下方的叶片被土埋住。

3.收获（播种后过80~100天）
从长大的叶片开始收获

从长到30cm长左右的叶片开始收获，用小刀割断菜柄根部，之后依次收获。

> **病虫害防治**
> 主要的虫害有青虫、蚜虫、菜蛾等。一旦发现就立即捕杀。对青虫和菜蛾等用按1:1000稀释的托奥罗流剂CT（BT水溶剂），对蚜虫用按1:100稀释的奥莱托液剂等农药进行驱除。
> 另外也可以搭设拱形支架并盖上冷布等以防害虫入侵。

用小刀割断菜柄根部收获。

春田采种场公司

小绿甘蓝
（抱子甘蓝与羽衣甘蓝杂交出的新品种）

茎上长有小小的蔷薇花瓣样的侧芽的抱子甘蓝的近亲

遇到这样的情况怎么办？

· 植株倒伏→做好培土工作，或者搭架。

· 侧芽长不大→摘除下方的叶片。

是否适合连作： 不适合（需要间隔2~3年）。

花盆栽培要点： 在深30cm以上、直径30cm以上的花盆里栽种一株菜苗。茎上开始长出侧芽后，摘除下方的叶片。小绿甘蓝生长周期比较长，所以注意不要断肥，每两周施一次追肥，用量为15g化肥。叶片会长大，为防倒伏，要搭好支架。

主要营养素： 维生素C、胡萝卜素、维生素B族、维生素U、维生素K、钙、钾、膳食纤维。

推荐食用方法： 焯水后做沙拉或汤、炒菜。口感微甜很好吃，叶片也可以吃。

● …播种　▲ …栽苗　■ …收获

栽培日历		3	4	5	6	7	8	9	10	11	12	1	2
作业	寒冷地带				▲				■				
	中间地带					▲				■			
	温暖地带						▲					■	

购买商品苗移栽

　　小绿甘蓝是抱子甘蓝与羽衣甘蓝杂交培育的新品种，像抱子甘蓝一样在茎上长出侧芽，侧芽的形状像小型的羽衣甘蓝。摘掉的侧芽可以用来做沙拉和凉拌菜，上方的像羽衣甘蓝一样的大叶片也可以做青汁。小绿甘蓝既有抱子甘蓝的美味，又有羽衣甘蓝的营养价值，极具人气。

　　小绿甘蓝的整理土壤和栽苗的注意点与卷心菜基本相同，植株间距70~75cm。栽种后过20天进行第一次追肥，培土。之后每2~3周进行一次。长大后植株容易倒伏，第二次追肥后要多堆一些土在植株根部以稳固植株，也可以搭架。

　　茎上长出小小的侧芽后，为了让营养集中在侧芽上，要从下向上依次摘去叶片。留下最上方的10片左右的叶片即可。

　　侧芽直径长到4~5cm后，从下向上依次收获。也可以一起收获叶柄长长的侧芽。

十字花科　　　　　　　　　难度 ★★☆☆☆

球茎甘蓝

茎肥大成球形，卷心菜的近亲

遇到这样的情况怎么办？

· 茎球不长大→疏苗，植株间距15~20cm。

· 茎球破裂→在适当的时期进行收获。

是否适合连作：不适合（需要间隔1~2年）。

花盆栽培要点：在深20cm以上的花盆里间隔20cm戳出小坑，每个坑中播4~5粒种子，盖上薄薄一层土，浇足量的水。长出1~2片真叶时进行疏苗，留2~3株小苗，长出3~4片真叶时留1株小苗。长出10片真叶时在植株周围施10g化肥，轻轻培土。茎球长至直径5~6cm时即可收获。

主要营养素：维生素C、叶酸、钾、膳食纤维。

推荐食用方法：风味和卷心菜很像，有些甜味。可以用来做沙拉、腌菜、汤等，用途广泛。

●…播种　▲…栽苗　■…收获

栽培日历		3	4	5	6	7	8	9	10	11	12	1	2
作业	寒冷地带												
	中间地带												
	温暖地带												

不耐干燥，铺设稻草栽培

球茎甘蓝是卷心菜的近亲（甘蓝是卷心菜的意思）等。一般食用其肥大或球形的茎。

播种前两周，将石灰按100g/m²的用量撒在土地里并且翻土混合均匀。播种前一周将堆肥按2kg/m²的用量、化肥按100g/m²的用量撒在土地里，翻土混合均匀。培垄，垄高10cm。

间隔20cm挖种坑，每个坑中播4~5粒种子后盖上薄土，浇足量的水。长出1~2片真叶时进行疏苗，留2~3株小苗，长出3~4片真叶时留1株小苗。球茎甘蓝不耐干燥，需要铺设稻草进行防护。

茎会肥大成球形，真叶长出10片左右时进行追肥，用量为3株植株撒一把左右（30g）的化肥，在植株根部培土。茎球长至直径5~6cm时即可拔出收获。需要注意，错过收获期，茎球可能会长得很硬或裂开。

球茎甘蓝和卷心菜一样，常见青虫、蚜虫、小菜蛾等害虫。一旦发现就立即捕杀，或者喷洒药剂进行防治。

天门冬科　　　　　　　　　　　　难度 ★★★★☆

芦笋

做好种植管理，可以收获10年

遇到这样的情况怎么办？

· 植株长大后倒伏→搭架。

· 新芽萌发困难→做好摘叶工作。

是否适合连作：可在同一地点连续种植，之后如果栽种新植株，就会发生连作危害。

花盆栽培要点：使用花盆栽培难度较大。要在大型花盆中栽种，栽种时使根充分伸展。种植后的第3~4年可以开始收获。

主要营养素：胡萝卜素、叶酸、维生素C、铁、钾、天门冬氨酸、维生素P。

推荐食用方法：水煮后蘸蛋黄酱、做成芦笋培根卷都很好吃。

●…播种　▲…栽苗　■…收获

栽培日历		3	4	5	6	7	8	9	10	11	12	1	2
作业	寒冷地带		▲	■	从第3年开始，可在该月份收获								
	中间地带	▲		■	从第3年开始，可在该月份收获								
	温暖地带		■		从第3年开始，可在该月份收获				▲				

用心培育强壮的植株，种植3年后收获

芦笋适合在15~20℃环境下生长，喜好凉爽气候。芦笋是蔬菜中少有的可以连续收获10年的植物。冬季地面上的部分枯萎，春季收获新芽。

可播种栽培也可使用商品苗栽培。播种栽种难度高，从播种到栽苗需要1年，从栽苗到收获又需要1~2年。在家庭菜园中栽培时，购买商品苗比较好。

一般在3~4月进行春季栽苗，也可在初次下霜时进行秋季栽苗。

芦笋的种子

1.整理土壤、栽苗

间隔30cm栽苗

　　栽苗前两周，将石灰按100g/m²的用量撒在土地里并且翻土混合均匀。栽苗前一周拉绳确定垄宽，垄宽为60cm。在垄中间挖20cm深的沟。将堆肥按2kg/m²的用量、化肥按100~150g/m²的用量撒在土地里，翻土混合均匀。

　　挖种植沟，间隔为30cm。栽苗、培土并浇足量的水。之后土壤干燥时浇水。

在垄上施基肥、挖种植沟并栽苗。培土后再浇足量的水。

2.追肥、培土、搭架

搭架防止倒伏

　　春季和初夏，将化肥按2kg/m²的用量进行追肥，最后轻轻培土。植株长高后，夏季会发生倒伏。如放置不管，植株会枯萎。因此，叶子生长繁茂后，在植株四角搭架，将绳子系在中间，防止植株倒伏。

搭架

追肥、培土

施加堆肥、培土。

在植株四角搭架、系绳子。

3.收割、收获

叶子枯萎后，从根部收割

　　叶子在秋季变黄枯萎后，从根部收割，施用足量堆肥。第2年优先让植株发育，栽苗后第3年的春季收获萌发的新芽后追肥。此外，保留若干新芽可增加下一年的收获量。

叶子在秋季枯萎后，从根部收割，施用足量堆肥。

病虫害防治

　　如种植在排水性不佳的土壤或者连日下雨导致土壤过于潮湿时，易发生斑点病、茎枯病。因此要选择排水性好的地方栽培，并注意不要过多浇水。

　　芦笋易招惹蚜虫、蛞蝓等害虫。发现后立即扑杀，或者喷洒农药（对蚜虫用按1∶100稀释的奥莱托液剂）彻底驱除。

使用花盆栽培时的样子

黄麻

盛夏生长旺盛，很受欢迎的健康蔬菜

遇到这样的情况怎么办？

· 开花，不生长→早播种。

· 叶片没有精神→充分追肥。

是否适合连作： 很少出现连作危害，但最好间隔1~2年。

花盆栽培要点： 在深30cm以上的大型花盆里间隔2~3cm挖坑，用点播的方式在每个坑中播撒8~10粒种子。然后培土并浇充足的水，在发芽前，每次都要浇足水。发芽后疏苗，留下5株；真叶长出2~3片时留下3株；真叶长出5~6片时留下1株。每月追肥2次，每次施用10g，并轻轻覆盖土。当幼苗生长到40~50cm高时，从距叶尖10~15cm处折断进行收获。

主要营养素： 胡萝卜素、维生素C、维生素E、维生素K、钙、叶酸、铁、维生素B$_1$、维生素B$_2$、黏蛋白。

推荐食用方法： 水煮后蘸蛋黄酱、做成芦笋培根卷也很好吃。

●···播种　▲···栽苗　■···收获

栽培日历		3	4	5	6	7	8	9	10	11	12	1	2
作业	寒冷地带			●──	──	■──	──	──	──				
	中间地带		●──	──		■──	──	──	──	──			
	温暖地带		●──	──	──	■──	──	──	──	──	──		

耐高温，易栽培

黄麻原产于非洲北部~印度。埃及周边国家自古以来就种植这种蔬菜。刀切后黄麻会渗出黏液，一般食用嫩叶和茎。黏液的成分是黏蛋白，它可以保护胃黏膜、促进蛋白质的消化、预防胃溃疡。此外，黄麻富含维生素和矿物质，据传曾治愈过埃及国王。它的名字在阿拉伯语中是"蔬菜之王"的意思。但需要注意的是，它的种子具有很强的毒性。

黄麻喜爱高温，即使在其他植株生长困难的盛夏也可茁壮生长。黄麻不耐低温，气温降至10℃以下时变得衰弱。此外，其在白天变短时开花，口感变差。

黄麻对土质无特殊要求，但由于栽培周期较长，需要施用大量有机肥料。

在日本的栽培历史较短，尚未培育出新品种，但已有低矮植株和容易分株的改良植株。

1.整理土壤
多施用有机肥

　　播种前两周，将石灰按100g/m²的用量撒在土地里并且翻土混合均匀。播种前一周将堆肥按2~3kg/m²的用量、化肥按100~150g/m²的用量撒在土地里，翻土混合均匀。播种前培垄，垄宽60cm、高10cm。

❶播撒石灰，翻土混合均匀。
❷施用基肥，翻土混合均匀。
❸播种前培垄。

2.播种、疏苗、追肥
每月追肥2次

　　气温升高后，于5月上旬进行播种。间隔30cm，每一处用点播的方式撒8~10粒种子。播种后轻轻用土覆盖，浇足量的水，之后每周至少浇一次水。

　　发芽后留下5株，真叶长出2~3片时进行疏苗，留下3株，真叶长出5~6片时留下1株。之后观察叶片颜色，每月追肥2次，用量为30g/m²，最后轻轻培土。

间隔30cm，挖2~3cm深的种植坑，撒8~10粒种子。用土覆盖，轻轻按压，浇足量的水。

3.收获
可多次收获

　　植株长至40~50cm高时，从距叶尖10~15cm处折断，用手摘取，进行收获。

　　由于植株会不断长出侧芽，可边收获边将植株打理成方便管理的高度（60~80cm）。

病虫害防治
　　易招惹红蜘蛛等害虫。可喷洒按1：100稀释的黏液君液剂，改善通风彻底驱除。

从距叶尖10~15cm处折断，用手摘取。

217

落葵

富含维生素和矿物质的健康蔬菜

遇到这样的情况怎么办？

· 长势不佳→充分施肥、浇水。

· 叶片和茎坚硬→从藤蔓的尖端15cm处进行收获。

是否适合连作： 不适合（需要间隔2~3年）。

花盆栽培要点： 在深20cm以上的大型花盆里间隔播种，播种前种子需在水中浸泡一天一夜。每隔20~30cm播撒3粒种子，2片子叶展开后疏苗，保留2株。藤蔓生长前搭架、引蔓。保留6片真叶后摘心，以促进侧芽的萌发。植株长大后，从藤蔓尖端15cm处收获。每月追肥2次，用量为10g。

主要营养素： 胡萝卜素、维生素C、维生素E、维生素K、钙、钾、镁、膳食纤维、黏蛋白。

●…播种　▲…栽苗　■…收获

栽培日历		3	4	5	6	7	8	9	10	11	12	1	2
作业	寒冷地带			●━	▲	■━							
	中间地带		●━	▲	■								
	温暖地带		●━	▲	■━								

夏秋季生长旺盛

落葵原产于亚洲热带地区，在夏季到秋季，藤蔓不断生长，长势旺盛。

4月下旬到5月上旬，在直径10.5cm的盆中用水浸泡种子一天一夜，每次播撒3粒种子，2片子叶展开后疏苗，长出3~4片真叶时栽苗。

栽苗前两周，将石灰按150g/m²的用量撒在土地里并且翻土混合均匀。栽苗前一周将堆肥按2kg/m²的用量、化肥按100g/m²的用量撒在土地里，翻土混合均匀。培垄，垄宽为100~120cm、垄高15cm。垄中挖出两条种植沟，间隔30cm。

植株长至20~30cm高时，藤蔓开始生长，藤蔓生长前搭架、引蔓。保留6片真叶后摘心，真叶长大后覆盖薄膜，防止气候干燥、泥巴飞溅。

从距藤蔓尖端15cm处收获软嫩的部分。收获后每月追肥2次，用量为30~40g/m²，之后用土轻轻覆盖，以促进新芽萌发。

落葵几乎没有病虫害，栽培时可以不用喷洒农药。发现夜盗虫时，立即捕杀。

伞形科　　　　　　　　　　　　　　难度★☆☆☆☆

明日叶

今日采摘完，
明日就会长出叶子的强壮蔬菜

遇到这样的情况怎么办?

· 夏天播种不发芽→在25℃以下、较为凉爽的时期播种。

· 冬天地面上的部分枯萎→在周围施用2kg/m²的堆肥作为"感谢肥"，下一年春天就会发芽。

是否适合连作: 不适合（需要间隔2年）。

花盆栽培要点: 在深30cm以上的大型花盆里间隔30~40cm栽苗。置于光照充沛的场所，土壤干燥后充分浇水。每2周追肥1次，化肥用量为10g。春天生长茂盛，可于春天结束后摘取嫩叶。

主要营养素: 胡萝卜素、维生素C、维生素B$_2$、叶酸、铁、钾、膳食纤维。

推荐食用方法: 凉拌、做成天妇罗。

追肥、培土的样子

●…播种　▲…栽苗　■…收获

栽培日历		3	4	5	6	7	8	9	10	11	12	1	2
作业	寒冷地带		▲			■							
	中间地带	▲			■								
	温暖地带	▲			■								

3~4年后需要重新种植

明日叶原产于日本，是伞形科植物，主要生长于伊豆半岛和太平洋沿岸。明日叶营养价值高，这一药草自古以来就有种植。其生长适温为20℃，不耐夏季阳光直射和高温，不耐冬季的低温。此外需要注意，如排水不好会烂根。

可以选用种子栽培，但使用商品苗栽培更简单。栽苗前两周，将石灰按100g/m²的用量撒在土地里并且翻土混合均匀。栽苗前一周在宽60cm的垄的中间挖20cm深的沟，将堆肥按2kg/m²的用量、化肥按100g/m²的用量埋在土里。培垄，垄高10cm。栽苗，间隔40cm。栽苗后，每个月追肥2次（化肥用量为30g/m²）并培土。

适量摘取刚刚展开叶片的嫩叶。天冷后地面上的部分枯萎，在垄上施用量为2kg/m²的堆肥作为"感谢肥"。3~4年后，植株由于开花、结果会枯萎，需要重新种植。

紫苏

只要注意害虫，初学者也能轻松栽培

遇到这样的情况怎么办？

· 不发芽→覆盖的土壤要薄，浇水要足。

· 叶子硬→做好追肥工作，早些收获。

是否适合连作：很少发生连作危害，最好间隔1~2年。

花盆栽培要点：在深15cm以上的花盆里播种，每隔15cm播撒7~8粒种子，撒上薄土，浇大量水。两片子叶展开后疏苗，保留3株，真叶长出2~3片时留下2株，真叶长出5~6片时留下1株。从第二次疏苗开始，施用10g化肥。

主要营养素：胡萝卜素、维生素E、维生素K、钙、叶酸、铁、钾、膳食纤维、多酚。

推荐食用方法：青紫苏可以做调料，也可以做成天妇罗。红紫苏除了做梅干，还可以做果汁。

收获时的样子

红紫苏

● …播种　▲ …栽苗　■ …收获

栽培日历		3	4	5	6	7	8	9	10	11	12	1	2
作业	寒冷地带												
	中间地带												
	温暖地带												

注意不要缺肥

4~6月中旬直接播种在田里，或者在花盆内播种，育苗后移栽。

如果直接播种，需要在播种前2周将石灰按100g/m²的用量撒在土地里并且翻土混合均匀。栽苗前一周将堆肥按2kg/m²的用量、化肥按100g/m²的用量撒在土地里并翻土混合。培垄，垄宽60cm、垄高10cm。每隔15~20cm播撒7~8粒种子。花盆播种，每一处用点播的方式播撒5~6粒种子。在5月上旬~6月中旬，间隔20cm栽苗。

植株长至30~40cm高时进行收获。摘取适量的嫩叶。摘取下来的叶片根部，会长出新芽。青紫苏具有良好的分枝性，会长出很多侧芽，因此可提高收获量。如果缺肥，叶片会变小，开始收获后，每月施肥1~2次，化肥用量为60kg/m²。

需要食用花穗紫苏时，花开三分之一时进行收获。

对红蜘蛛用喷洒按1∶100稀释的黏液君液剂驱除，对蚜虫用按1∶100稀释的奥莱托液剂驱除。

姜科　　　　　　　　　　　　　　　难度★☆☆☆☆

襄荷

在光照条件差的庭院角落里也能苗壮成长

遇到这样的情况怎么办?

· 收获量减少→对地下茎进行疏苗或者重新栽种。

· 花芽稀少→在开花前进行收获。

是否适合连作: 重新栽种要间隔1~2年。

花盆栽培要点: 在深30cm以上的大型花盆里间隔20cm挖深10cm左右的种植坑。栽种种苗后轻轻盖上一层土,浇足量的水。发芽后铺设稻草预防干燥。梅雨季节前和初霜时节在植株根部施10g化肥。刚种植的那一年收获期在9月之后,从第二年开始可以在7月后进行收获。可以收获数年。

主要营养素: 钾、膳食纤维、α-蒎烯。

推荐食用方法: 一般用来作佐料或做醋拌凉菜,也可以做成天妇罗。

收获时的样子

●···播种　▲···栽苗　■···收获

栽培日历		3	4	5	6	7	8	9	10	11	12	1	2
作业	寒冷地带		▲			■		■ 第1年	第2年				
	中间地带		▲			■		第2年	第1年				
	温暖地带	▲				■	■	第1年	第2年				

喜好半背阴的潮湿环境

栽培方面,栽苗前两周将石灰按100g/m²的用量撒在整片土地里并翻土混合均匀。栽苗前一周确定垄的宽度为60cm,在垄中央挖20cm深左右的沟,将堆肥按2kg/m²的用量、化肥按100g/m²的用量撒在沟里埋好。培垄,垄高10cm。间隔20cm栽苗,盖上一层薄土并浇足量的水。之后注意保持土壤湿润。发芽后为防干燥可以铺设稻草。发芽后一个月追肥一次,每次施用量为30g/m²的化肥在植株根部,培土。

可食用从植株根部长出的花芽(花蕾)。错过收获期风味会变差,一定要在开花前收获。栽种一次可以连续收获数年。

出现枯叶病时喷洒按1∶1000稀释的百菌清1000。另外,为了预防根茎腐败病,选择优质的种苗很重要。

221

青梗菜

**栽培期间较短，容易种植，
非常适合家庭菜园的中国蔬菜**

遇到这样的情况怎么办？

· 植株长不大→疏苗，扩大植株间距。

· 开花了→在适当的时期播种。

是否适合连作：不适合（需要间隔1~2年）。

花盆栽培要点：适合迷你品种。在深20cm以上的花盆里间隔10~15cm进行条播。轻轻盖上一层土后浇足量的水，发芽前都要保持土壤湿润。疏苗，发芽后植株间隔3cm，长出2~3片真叶后间隔5~6cm。第二次疏苗后每月施两次追肥，在条间施10g化肥。植株长到10cm高时即可进行收获。

主要营养素：胡萝卜素、维生素C、钙、钾、铁、膳食纤维。

推荐食用方法：适合中式炒菜。

● ··· 播种   ▲ ··· 栽苗   ■ ··· 收获

栽培日历		3	4	5	6	7	8	9	10	11	12	1	2
作业	寒冷地带			●	■								
	中间地带		●	■			●		■				
	温暖地带	●		■									

除严寒期外均可栽培

    青梗菜原产于地中海沿岸。中国改良品种后传入日本。青梗菜适合在20℃左右的凉爽气候下生长，比较耐高温、耐病害，而且不挑土壤，非常适合在家庭菜园种植。

    除严寒期外均可栽培。春季或秋季播种后过45~50天可以收获，夏季播种后过35~40天可以收获。不过低温下开的花容易在长日照时抽薹，早春时节播种需要注意这一点。另外，比起连作危害，更容易出现根瘤病，所以要避免和芜菁、卷心菜、小松菜、白菜等十字花科蔬菜连作。

青梗菜的种子

1.整理土壤、播种
条播，间隔15~20cm

　　播种前两周将石灰按100~150g/m²的用量撒在整片土地里并翻土混合均匀。播种前一周将堆肥按2kg/m²、化肥按100g/m²的用量播撒并翻土混合均匀。培垄，垄宽60cm、高10cm。

　　条播，种植两列，列与列间隔15~20cm（或间隔15cm进行点播，每个坑中播4~5粒种子）。轻轻盖上一层土后用手压实，浇足量的水。

间隔15~20cm条播，播两列种子，注意不要让种子重叠在一起。轻轻盖上一层土后用手压实，浇足量的水。

2.疏苗、追肥
长出真叶后进行第1次疏苗

　　长出1~2片真叶时疏苗至植株间距3~4cm，长出3~4片真叶时疏苗至植株间距6~8cm，长出5~6片真叶时疏苗至植株间距15cm左右。

　　之后根据生长情况慢慢在条间施追肥，轻轻地将土堆到植株根部。另外，疏苗摘下的小苗也可以用来做沙拉或汤。

长出1~2片真叶时疏苗至植株间距3~4cm，轻轻培土。

长出3~4片真叶时疏苗至植株间距6~8cm。

3.收获（播种后过40~45天）
夏季播种的话30天即可收获

　　植株长到15~20cm高时，即可从根部饱满的植株开始依次收获。用剪刀剪断根部进行收获。迷你品种长到10~12cm高即可抓住外叶，用剪刀剪断根部进行收获。

> **病虫害防治**
>
> 　　常见青虫、小菜蛾、蚜虫等。容易在夏季发生，可以在垄上搭设拱形支架并盖上冷布进行防治。
>
> 　　使用农药的话，对青虫和小菜蛾用按1：1000稀释的托奥罗流剂CT（BT水溶剂）进行防治，对蚜虫用按1：100稀释的奥莱托液剂进行防治。

十字花科 　　　　　　　　　　　　　难度 ★ ★ ☆ ☆ ☆

小白菜

叶柄呈白色，
是白菜和青梗菜的近亲

遇到这样的情况怎么办？

· 植株长不大→疏苗扩大植株间距。

· 开花了→在合适的时期进行播种。

是否适合连作： 不适合（需要间隔2~3年）。

花盆栽培要点： 在深20cm以上的花盆中间隔15~20cm挖出种植沟，间距5cm戳几列直径2~3cm的种植坑，每个坑中播种4~5粒种子（也可以条播）。轻轻盖上一层土后浇足量的水。发芽前要注意保持土壤湿润。发芽后疏苗，一个坑中留3株，长出3~4片真叶后疏苗留2株，植株根部长饱满后疏苗留1株。第二次疏苗后在条间施化肥10g。植株长到15cm高左右时即可收获。

主要营养素： 胡萝卜素、维生素C、叶酸、维生素K、钙、钾、铁等。

●…播种　▲…栽苗　■…收获

栽培日历		3	4	5	6	7	8	9	10	11	12	1	2
作业	寒冷地带			●———	■——				———				
	中间地带		●———	■——			●———		■——				
	温暖地带		●———	■——									

和青梗菜的栽培方法相同

小白菜原产于地中海沿岸。在中国进行了品种改良后传至日本的小型非结球性白菜中，叶柄是绿色的称为青梗菜，叶柄是白色的称为小白菜。因此小白菜与青梗菜相同，都是既耐低温又耐高温，且耐病性强、不挑土壤，是非常适合在家庭菜园种植的蔬菜。

栽培方法也和青梗菜相同，除了严寒天气以外都可以栽种。春季和秋季播种的话45~50天即可收获，夏季播种的话35~40天即可收获。但是低温容易生出花芽，在日照时间长的时候容易抽薹，所以在初春时节播种的话要注意这一点。另外连作可能导致根瘤病，要注意避免和芜菁、卷心菜、小松菜、白菜、青梗菜等十字花科蔬菜连作。

1.整理土壤、播种

条播，间隔15~20cm

播种前两周将石灰按100~150g/m²的用量撒在整片土地里并翻土混合均匀。播种前一周将堆肥按2kg/m²、化肥按100g/m²的用量播撒并翻土混合均匀。培垄，垄宽60cm、高10cm。

条播，种植两列，列与列间隔15~20cm（点播也可以）。

挖出两列种植沟，条播种子，注意不要让种子重叠在一起。轻轻盖上一层土后用手压实，浇足量的水。

2.疏苗、追肥

长出真叶后进行第1次疏苗

长出1~2片真叶时疏苗至植株间距3~4cm，长出3~4片真叶时疏苗至植株间距6~8cm，长出5~6片真叶时疏苗至植株间距15cm左右。

之后根据生长情况慢慢施化肥在条间，用量为30g/m²，轻轻将土堆到植株根部。另外疏苗摘下的小苗不要浪费，可以食用。

长出真叶后疏苗至植株间距3~4cm，然后轻轻培土。

3.收获（播种后过40~45天）

夏季播种的话35天即可收获

植株长到15~20cm高时即可依次收获。用剪刀剪断根部进行收获。

病虫害防治

和青梗菜一样，常见青虫、小菜蛾、蚜虫等虫害。尤其容易在夏季发生，可以在垄上搭设拱形支架并盖上冷布进行防治。

使用农药的话，对青虫和小菜蛾用按1:1000稀释的托奥罗流剂CT（BT水溶剂）进行防治，蚜虫用按1:100稀释的奥莱托液剂进行防治。

抓住外叶，用剪刀剪断根部进行收获。

塌菜

遇寒后甜味倍增的中国蔬菜

遇到这样的情况怎么办?

· 发生虫害→用冷布等进行隧道式栽培。

· （秋季播种时）植株不横向生长了→加大植株间距。

是否适合连作: 不适合（需要间隔2~3年）。

花盆栽培要点: 在标准型的花盆中挖出种植沟，间隔1cm进行播种。用土将种子埋好后浇足量的水。之后注意保持土壤湿润。长出1~2片真叶时疏苗至植株间距3cm，长出2~3片真叶时疏苗至植株间距5~6cm，长出7~8片真叶时疏苗至植株间距15~20cm。第二次疏苗后在整个花盆里施10g化肥。植株长至直径20~25cm时即可收获。

主要营养素: 胡萝卜素、维生素C、维生素K、钙、钾、铁、膳食纤维等。

推荐食用方法: 适合焯水后凉拌或炒菜。

●…播种　▲…栽苗　■…收获

栽培日历		3	4	5	6	7	8	9	10	11	12	1	2
作业	寒冷地带			●━━	■━	━━	━━	━━	━━				
	中间地带		●━	■━	━━	━━	━━	━━	━━				
	温暖地带	●━	━━	■━	━━	━━	━━	━━	━━	━━			

推荐秋季播种、冬季收获，这样风味更好

塌菜原产于中国，和白菜、青梗菜等一样，都是在中国经过品种改良的蔬菜。菜柄口感清脆，即使煮久了也不会太烂的菜叶，没有特殊味道是其特征。塌菜不仅适合炒菜，也适合炖煮、凉拌，可以用于各种料理中。

塌菜有一定耐热性，但耐寒性更胜一筹，遇寒后叶片会变得更厚，甜味也会倍增，口味会更好。因此，虽然也可以春季播种、初夏收获，但更推荐秋季播种、冬季收获，即8月下旬~10月上旬播种，让塌菜经历一段寒冷时期。

株型会随着季节变化，春~夏栽培会像青梗菜一样立生，秋~冬栽种会平摊在地面上，形似浓绿色的蔷薇花。

1.整理土壤、播种

发芽前要注意保持土壤湿润

　　播种前1~2周确定垄宽为60cm，将石灰按100g/m²的用量撒在整片土地里并翻土混合均匀。在垄中央挖20cm深的沟，将堆肥按2kg/m²、化肥按100g/m²的用量撒在沟里埋好。培垄，垄高10cm。间隔30cm挖两列种植沟，采用条播的方式间隔1cm播种，盖上一层薄土。浇足量的水，发芽前要注意保持土壤湿润。

❶❷挖两列种植沟，采用条播的方式间隔1cm播种。
❸❹盖上一层薄土后用手压实，浇足量的水。

3.收获（播种后过约50天）

长到直径20~25cm即可收获

　　春季播种的话播种后过35~40天即可收获，秋季播种的话播种后约50天即可收获。秋季播种生长周期后半段会经历

病虫害防治

　　出现青虫和小菜蛾就立即捕杀或者喷洒按1∶1000稀释的托奥罗流剂CT（BT水溶剂）进行驱除。

　　另外，害虫多的时期可以用冷布等进行隧道式栽培，这样即可防止害虫入侵，有可能实现无农药栽培。

2.疏苗、追肥、培土

扩大植株间距，让植株长得更大

　　双叶长出后疏苗至植株间距3~4cm，将土轻轻堆到植株根部以稳定植株。长出2~3片真叶后疏苗至植株间距5~6cm，以30g/m²的用量施化肥后培土。之后根据长势进行疏苗和追肥，最后达到植株间距15~20cm。

进行数次疏苗、追肥，最后达到植株间距15~20cm。

长势差　　长势好

植株间距太小叶片就无法伸展，叶片混杂在一起植株长势会变差。

寒冷时期，叶片的厚度和甜度都会增加，风味更好。

切断植株根部进行收获。

芥蓝

食用小巧的花蕾和花茎，中国的西蓝花

遇到这样的情况怎么办？

· 吃起来有硬筋→缩小植株间距栽种。

· 吃起来茎很硬→从手可以折断的地方收获。

是否适合连作： 不适合（需要间隔2~3年）。

花盆栽培要点： 在标准大小的花盆中间隔10~15cm戳出种植坑，播种4~5粒种子。盖上土后用手压实，浇足量的水。发芽后疏苗至3株，长出2~3片真叶时疏苗至2株，长出4~5片时疏苗至1株。从第二次疏苗开始施10g化肥在植株根部，培土。开出第一朵花时，从距离顶部20cm左右收获柔软的部分。虫害很多，可以盖上冷布防止害虫入侵，或经常检查，一发现就立即捕杀。

主要营养素： 和西蓝花基本相同。

推荐食用方法： 焯水后凉拌，不焯水直接清炒也很好吃。

●…播种　▲…栽苗　■…收获

栽培日历		3	4	5	6	7	8	9	10	11	12	1	2
作业	寒冷地带			●		■							
	中间地带		●			■							
	温暖地带			●	■								

开出第一朵花时收获

　　芥蓝是原产于地中海沿岸的卷心菜、西蓝花等蔬菜的近亲，比较耐热。中国南部~东南亚地区将芥蓝作为夏季叶菜广泛栽培。食用的是小巧的花蕾和直径2cm左右的肥大花茎，具有独特的风味。

　　播种的时期在4月下旬~9月中旬，播种后过50~60天可以收获。因为要食用花蕾，所以如果收获晚了就会因为开花导致风味变差。注意要尽早收获。

栽培中的样子

1.整理土壤、播种
发芽前要注意保持土壤湿润

　　播种前2周确定垄宽为60cm，将石灰按100g/m²的用量撒在土里并翻土混合均匀。播种前1周，在垄中央挖15cm深的沟，将堆肥按2kg/m²、化肥按100g/m²的用量撒在沟里埋好。培垄，垄高10cm。间隔20cm挖两列种植沟，间隔10~15cm挖出种植坑，每个坑中播种4~5粒种子（注意植株间距太大会导致风味变差）。盖上一层薄土，浇足量的水，发芽前要注意保持土壤湿润。

每个坑中播种4~5粒种子，盖上一层薄土，浇水。

3.收获（播种后过50~60天）
开出第一朵花时尽早收获

　　开出第一朵花时，从距离顶部20cm左右的地方收获。用手折断或用剪刀剪断均可。也可以在植株长到15cm高左右时采摘作为嫩菜食用。

病虫害防治

　　常见青虫、小菜蛾、蚜虫等。对青虫和小菜蛾用按1:1000稀释的托奥罗流剂CT（BT水溶剂），对蚜虫用按1:100稀释的奥莱托液剂进行彻底驱除。

2.疏苗、追肥、培土
第二次疏苗后开始施追肥

　　发芽后疏苗至3株，轻轻培土以稳定植株。长出2~3片真叶时疏苗至2株，长出4~5片真叶时疏苗至1株。从第二次疏苗开始在植株间施化肥作为追肥，用量为30g/m²，培土。疏苗至每个坑中只剩1株后，要注意观察长势，长势差时施追肥。

发芽后疏苗至3株，培土。

长出2~3片真叶时疏苗至2株，追肥、培土。

长出4~5片真叶时疏苗至1株，追肥、培土。

从距离顶部20cm左右的地方收获柔软的部分。

空心菜

适合高温多湿环境，可以体会不断收获的乐趣

遇到这样的情况怎么办？

· 播种后不发芽→将种子在水里浸泡一天一夜。

· 叶片颜色变淡→做好追肥、浇水工作。

是否适合连作：较少出现连作危害，但最好间隔1~2年。

花盆栽培要点：在标准大小的花盆里间隔30cm戳出种植坑，每个坑中播种3粒种子。多盖一些土，浇足量的水。之后注意保持土壤湿润。发芽后进行疏苗，保证相邻的菜苗的叶子不会交叠在一起即可。两周左右进行一次追肥，施10g化肥在植株间。长出茂盛的侧芽后，从距离枝叶顶端15~20cm的地方采摘收获。

主要营养素：胡萝卜素、维生素E、钙、膳食纤维。

推荐食用方法：适合做中式炒菜。

●…播种　　▲…栽苗　　■…收获

栽培日历		3	4	5	6	7	8	9	10	11	12	1	2
作业	寒冷地带				●──	■──	──	──	──				
	中间地带			●──	■──	──	──	──	──				
	温暖地带			●──	■──	──	──	──	──	──			

5月播种，秋季即可收获

　　空心菜原产于亚洲热带地区，喜好高温多湿环境，夏季至秋季间会不断生长出茂盛的侧芽，可以持续收获。为让枝叶繁茂，可以多施含氮高的肥料进行栽培。空心菜不耐低温，10℃以下就会停止生长，被霜打了的话就会枯死。

　　根据叶片的形状，空心菜可以分为柳叶型和长叶型。

空心菜的花

1.整理土壤、播种
将种子放在水里浸泡一天一夜

播种前2周将石灰按150g/m²的用量撒在整片土地里并翻土混合均匀。播种前1周,将堆肥按2kg/m²、化肥按100g/m²的用量撒在土地里并翻土混合均匀。培垄,垄宽70~100cm、高10cm。

将种子放在水里浸泡一天一夜以让种子吸满水,间隔30cm在垄上挖出种植坑,每个坑中播种3粒种子,多盖些土,轻轻压实,浇足量的水。

❶❷间隔30cm在垄上挖出种植坑,每个坑中播种3粒种子。
❸盖上土轻轻压实,浇足量的水。

2.追肥
做好追肥工作,注意不要断肥

空心菜可以长期收获,所以注意不要断肥。两周左右施一次追肥,在垄的两侧施用量为30g/m²的化肥。另外每周在浇水时一并施按1:1000~1:500稀释的液肥可以促进生长。

铺上稻草防止干燥,也能起到防止杂草生长的作用。

两周施一次追肥,施肥后培土。可以铺稻草防止干燥并防止杂草生长。

3. 收获（播种后过30~45天）
收获前端的柔软枝叶

植株长到20cm长左右时进行第一次收获,留下5cm左右的长度,剩下的全部采摘掉,这样可以促进侧芽的生长。

长出茂盛的侧芽后,从长了20~30天的侧芽开始依次收获前端的柔软部分。注意不要断肥,保持湿润环境,即可持续收获。

长出茂盛的侧芽后,收获距离枝叶顶端15~20cm的柔软部分。

病虫害防治

基本没有什么病虫害。家庭菜园也能实现无农药栽培。

甘菊

有着类似苹果的香气，会开出可爱的小花

遇到这样的情况怎么办？

· 花期短→尽量收获已经绽开的花。

· 播种到田地里不发芽→在花盆里播种育苗。

是否适合连作： 不适合（需要间隔2~3年）。

花盆栽培要点： 在深15cm以上的花盆中装入培养土，间隔20cm栽种小苗，浇足量的水。放置在光照条件好的地方，看到土干了就浇足量的水。每月追肥2次，施10g化肥在植株根部。每周施一点薄肥，浇一些液肥。仔细收获已经绽开的花朵，干燥后即可利用。

主要营养素： 香味成分。

推荐食用方法： 用来做花茶。也可以当作干花用来装饰或用来做香包。

●…播种　▲…栽苗　■…收获

栽培日历		3	4	5	6	7	8	9	10	11	12	1	2
作业	寒冷地带		▲			■							
	中间地带	▲		■	■			▲					
	温暖地带	▲		■	■			▲					

摘取并利用已经绽开的花朵

甘菊原产于欧洲~亚洲西部地区，会开出类似雏菊一样的可爱小花，散发出类似苹果的芳香。

栽培可以从播种开始，但家庭种植的话，还是直接购买商品苗移栽更为简单。栽苗在春季3~4月或秋季9~10月进行。栽苗前两周播撒石灰（100g/m²），前一周确定垄宽45cm，在中央挖沟施堆肥（2~3kg/m²）和化肥（100g/m²），仔细翻土混合均匀。培垄，垄高10cm。间隔20~30cm挖出种植坑，栽

苗。如果从播种开始，就在花盆播种4~5粒种子育苗，发芽后疏苗，只留3株小苗，长出5~6片真叶后移栽。1个月进行1~2次追肥，每株小苗施5g化肥在植株根部，轻轻培土。

进入花期后，尽量收获已经绽开的花朵。小心摘取，花期也能延长。花茎长得太长的话，可以适度修剪。病虫害防治方面，如果出现蚜虫，要么捕杀，要么喷洒按1∶100稀释的奥莱托液剂进行驱除。

百合科　　　　　　　　　　　难度★☆☆☆☆

细香葱

可以反复收获，栽培非常方便的葱系香草

遇到这样的情况怎么办？

· 植株枯萎①→改善土壤的排水性。

· 植株枯萎②→科学收获。

是否适合连作：不适合（需要间隔1~2年）。

花盆栽培要点：在深15cm以上的花盆中装入培养土，间隔20cm栽种小苗，浇足量的水。植株长到10cm高左右后施10g化肥，培土。

植株长到25~30cm高即进入收获期。从距离根部4~5cm处剪断收获，需要多少就收获多少。收获后一定要记得追肥、培土。

主要营养素：和葱基本相同。

推荐食用方法：撒在沙拉和汤中提香。其粉色的花朵撒在沙拉上能起到装饰的作用。还可以代替葱作香辛料。

栽苗的样子

收获的样子

●···播种　▲···栽苗　■···收获

栽培日历		3	4	5	6	7	8	9	10	11	12	1	2
作业	寒冷地带			▲		■							
	中间地带		▲	■				▲	■				
	温暖地带		▲	■									

改善田地的排水性后再栽培

细香葱是原产于欧洲的葱的近亲，也被称为西洋香葱。可以像香葱一样食用叶和鳞茎，但细香葱香味更柔和。细香葱喜好光照和排水条件好的地方，栽种一次可以反复收获数年。

栽培可以从播种开始，但家庭种植的情况下，还是直接购买商品苗移栽更为简单。栽苗应该在4~5月进行。栽苗前两周在整片田里播撒石灰（100g/m²），前一周施堆肥（2~3kg/m²）和化肥（100g/m²），仔细翻土混合均匀。培垄，垄宽45~50cm，高10cm，间隔20~25cm挖种植坑，栽苗。用手轻压植株根部的土壤，浇足量的水。

植株长到高10cm左右后施化肥（30g/m²）在植株根部，轻轻培土。植株长到25~30cm高即进入收获期。从距离根部4~5cm处剪断收获，需要多少就收获多少。收获后施化肥（30g/m²），培土。新芽会接连不断地生长出来。

伞形科　　　　　　　　　　　　　难度 ★☆☆☆☆

芫荽

叶子有着令人上瘾的独特香味，果实散发着清爽的柑橘系香味

遇到这样的情况怎么办？

· 被害虫啃食→发现金凤蝶幼虫立刻捕杀。

· 不发芽→将种子放在水里浸泡一天一夜后再播种。

是否适合连作： 不适合（需要间隔1~2年）。

花盆栽培要点： 在深20cm以上的花盆里装入培养土，间隔10~15cm戳出种坑，每个坑中播种7~8粒种子。发芽后疏苗，留3株小苗，长出2~3片真叶后再次疏苗，只留1株小苗。看到土干就浇足量的水。每月追肥两次，施10g化肥在植株根部。真叶长出15片左右后，可以摘取需要的分量进行收获。

主要营养素： 胡萝卜素、维生素C、钙、香味成分。

推荐食用方法： 叶和茎可以用做风味料理。果实用来做香辛料。

花

收获的样子

●···播种　▲···栽苗　■···收获

栽培日历		3	4	5	6	7	8	9	10	11	12	1	2
作业	寒冷地带			●	▲	■							
	中间地带		●▲		■								
	温暖地带	●	▲		■								

在光照和排水条件好的地方种植

　　芫荽原产于地中海沿岸。叶和茎有类似鱼腥草的香味，日本人有喜欢这种味道的，也有不喜欢这种味道的。不过在东南亚地区和中国，香菜被广泛应用在料理中提香。尤其在泰国的冬阴功、越南的春卷中，香菜都是不可或缺的一味。另外，香菜完全成熟后会散发清爽的柑橘系芳香，可以作为香辛料利用。

　　香菜不适合移栽，所以要直接在田地里播种。播种前两周在田里播撒石灰（100g/m²），前一周施堆肥（2kg/m²）和化肥（100g/m²），深耕土壤，提高土壤的排水性。培垄，垄宽30~40cm、高10cm，间隔15~20cm挖出1cm深的种植坑，每个坑中播种7~8粒种子。也可以用条播的方式，列之间间隔15~20cm。轻轻撒一层土后用手压实，浇足量的水。发芽后疏苗，留3株小苗，长出2~3片真叶后再次疏苗，只留1株小苗。追肥每月进行两次，施用量为30g/m²的化肥在植株根部，轻轻培土。

　　真叶长出15片左右后即可收获。

伞形科 难度 ★☆☆☆☆

小茴香

**纤细的株型，香甜的气味，
叶、叶柄、果实均可利用**

遇到这样的情况怎么办？

· 被害虫啃食→发现金凤蝶幼虫立刻捕杀。

· 植株长不大→在合适的时期播种。

是否适合连作：不适合（需要间隔1~2年）。

花盆栽培要点：在深15cm以上的花盆中装入培养土，间隔25cm栽种3株小苗。小苗长到30cm高时，每月施2次化肥在植株根部，每次10g。第一年的收获期在栽苗后过60~70天。叶、叶柄、果实均可利用。冬季地表部分会枯萎，春季会再次发芽。

主要营养素：香味成分。

推荐食用方法：叶片可以用在鱼、肉料理中提香。果实干燥后可以用作香辛料。小茴香肥大的叶柄可以用在汤中提味。

花

收获的样子

●…播种 ▲…栽苗 ■…收获

栽培日历		3	4	5	6	7	8	9	10	11	12	1	2
作业	寒冷地带												
	中间地带												
	温暖地带												

每月追肥两次，边追肥边栽培

小茴香原产于地中海沿岸，喜好光照和排水条件好的地方。

如果从播种开始栽培，就在4~5月时在花盆中播种5~6粒种子，长出4~5片真叶后疏苗，只留1株小苗，之后移栽。如果直接购买商品苗移栽，就在4~7月进行移栽。移栽前一周施堆肥（2~3kg/m²）和化肥（100g/m²），翻土混合均匀。培垄，垄宽60cm、高10cm，植株间距取大一些（40~50cm），进行移栽。天气变冷后生长会停止，植株就长不大了。所以要在正确的时期进行播种和栽苗。1个月进行2次追肥，施用量为30g/m²的化肥在植株周围，将土堆在植株根部。

第一年的收获期在栽苗后过60~70天，也就是在7~11月。第二年之后就可以在4月中旬~7月中旬进行收获了。叶、叶柄、花、果实等部位均可食用。每年3~4月在植株根部施堆肥。不过，要注意佛罗伦萨小茴香由于植株根部叶柄肥大，只可整体收获，因此第二年必须从播种重新种起。

药用鼠尾草

紫叶鼠尾草

鼠尾草

浓郁的香味与微微的苦味，非常适合搭配鱼和肉类

遇到这样的情况怎么办?

· 腐根→控制浇水的量。

· 植株倒伏→搭架、引蔓。

是否适合连作：不适合（需要间隔2~3年）。

花盆栽培要点：在标准大小的花盆中装入培养土，栽苗。每两周进行一次追肥，施10g化肥，见到土干就浇足量的水（注意不要浇水过多，不要断肥）。直接利用新鲜叶片的话，要现摘现用，如果是干燥后保存，可以一年集中收获2~3次。由于鼠尾草是常绿灌木，当植株长大、根系扩张之后，要注意移栽进大一号的花盆中。

主要营养素：香味成分。

推荐食用方法：可以用在鱼、肉料理中去除腥味，也可以用来做香草茶。

● ···播种　　▲···栽苗　　■···收获

栽培日历		3	4	5	6	7	8	9	10	11	12	1	2
作业	寒冷地带			▲		■							
	中间地带		▲			■							
	温暖地带		▲		■								

尽量保持土壤略偏干燥

　　鼠尾草原产于欧洲，由于具有抗菌作用，从古代开始就被用来做香草茶和入浴剂等，也被称为药用鼠尾草。

　　鼠尾草喜好15~20℃的凉爽气候，比较耐低温和干燥，不喜高温多湿环境，夏季和雨季需要进行遮光和防雨工作。

　　栽培分为春季播种和秋季播种。前者4~5月播种，7~10月收获；后者9月上旬~10月上旬播种，次年5~10月收获。不过推荐直接购买商品苗移栽，这样更为简单。

1.整理土壤、移栽
改善土壤的排水性

栽种前两周在田里播撒石灰（100g/m²），前一周施堆肥（2~3kg/m²）和化肥（100g/m²），认真翻土混合均匀。培垄，垄宽60cm、高10cm，间隔30~40cm栽苗。

如果从种子开始培育，就在花盆中的每个种植坑中播种5~6粒种子，浇足量的水，发芽后选择长势好的小苗，将其他小苗拔掉，每个坑中只留3株。当从花盆底部可以看到根系时即可进行移栽。

❶❷间隔30~40cm挖出种植坑，浇水。
❸水被土壤吸收后，用手轻轻按压植株根部的土壤。
❹栽苗后浇足量的水。

2.追肥、培土、收获
临开花前收获

一个月进行一次追肥，每株植物施5g左右的化肥，轻轻培土。

临开花前是收获的最佳时期。摘取所需分量的叶片进行收获。

虫害方面，常见蚜虫，一旦发现就立即捕杀。

在植株周围施追肥，轻轻培土。

摘取所需分量的叶片进行收获。

百里香

只要注意避免多湿环境，就能轻松栽培

遇到这样的情况怎么办？

·枝叶混杂，下方叶片掉落，不美观→进行修剪保障通风，美化株型。

是否适合连作： 不适合（需要间隔2~3年）。

花盆栽培要点： 在标准大小的花盆中装入培养土，栽苗，放在光照和通风条件好的地方管理。每两周进行一次追肥，施10g化肥，见到土干燥就浇足量的水（注意不要浇水过多，不要断肥）。植株长到20~30cm高时，摘取最前端5cm左右的嫩叶部分进行收获。一年四季均可收获。

主要营养素： 香味成分。

推荐食用方法： 可以用在鱼、肉料理中去除腥味。也可以用在沙拉、汤、香草茶中。

●···播种　▲···栽苗　■···收获

栽培日历		3	4	5	6	7	8	9	10	11	12	1	2
作业	寒冷地带			▲		■							
	中间地带	▲	■										
	温暖地带	▲	■										

枝叶混杂时可以剪除一些枝叶进行收获，兼备整枝效果

百里香原产于地中海沿岸，适合在15~20℃的环境下生长，喜好光照和排水条件好的地方。百里香对高温和低温环境的耐受度都很高，在贫瘠的土地上也能培育，扦插也能轻松成活，生命力很旺盛，但是不耐多湿环境。枝叶长得太茂盛，混杂在一起时通风条件变差，会导致易发病害，尤其是雨季一定要做好整枝工作。修剪下来的叶和茎都能利用。

百里香是欧洲南部地区的鱼、肉料理中不可或缺的一味香草，法国料理中则常用来做香料袋（将各种香料捆绑在一起用于炖煮料理中增强提味）。

栽培方面，由于种子很小，需要在花盆里育苗至7~8cm高再进行移栽。推荐直接购买商品苗移栽，这样更简单、方便。

1.整理土壤、栽苗
移栽7~8cm高的小苗

栽种前两周在田里播撒石灰（100g/m²），前一周施堆肥（2~3kg/m²）和化肥（100g/m²），认真翻土混合均匀。培垄，垄宽60cm、高10cm，间隔30～40cm栽苗，浇足量的水。

如果从种子开始培育，就在花盆中的每个种植坑中播种7~8粒种子，浇足量的水，发芽后进行疏苗，每个坑中只留3株。追肥，育苗至7~8cm高。

❶间隔30~40cm挖出种植坑。
❷在种植坑中浇水。
❸水被土壤吸收后栽苗，用手轻轻按压植株根部的土壤。

直接购买商品苗移栽更为简单、方便。

2.收获（移栽后过40~50天）
剪掉前端5cm的部分进行收获

夏季为防干燥可以铺稻草。植株长到20cm高左右时即可剪掉前端5cm的部分进行收获。枝叶繁茂、混杂时要进行修剪，以改善通风条件。百里香不太常发生虫害。

花盆栽培的样子。

摘取最前端5cm左右的嫩叶部分进行收获。

花盆栽培的样子

唇形科　　　　　　　　　　　　难度★☆☆☆☆

罗勒

和番茄很搭，拥有清爽的香味

遇到这样的情况怎么办？

· 不好好发芽→等天气暖了之后再播种。

· 叶片很硬→注意做好浇水和追肥工作。

是否适合连作：少见连作危害，但最好间隔1~2年。

花盆栽培要点：在标准大小的花盆中间隔1cm进行条播，或间隔20~30cm进行点播，每个种植坑中播种5~6粒种子，盖薄土，浇足量的水。直到发芽前要保持土壤湿润。生长过程中要注意疏苗，长出6~8片真叶时只留1株小苗，植株间距20~30cm。疏苗后在植株根部施10g化肥，轻轻培土。植株长至20cm高以上时进行收获。

主要营养素：胡萝卜素、维生素K、钙、钾、香味成分等。

推荐食用方法：生食。也可以打成糊做酱汁。

●…播种　▲…栽苗　■…收获

栽培日历		3	4	5	6	7	8	9	10	11	12	1	2
作业	寒冷地带												
	中间地带												
	温暖地带												

培育过程中注意保持土壤湿润，不要断肥

罗勒原产于亚洲的热带地区，适合在25℃左右的温度环境下发芽、生长。所以太早播种，发芽情况也不会很好，要在4月中旬之后，天气变暖后再进行播种。

罗勒喜好光照条件好的地方，光照条件差的话，长势也会变差。如果土壤持续干燥，叶片就会变硬，所以要注意做好浇水工作。另外开花会导致叶片变硬、香味变淡，要尽早摘掉花穗。

罗勒拥有清爽的香味，和番茄很搭，是意大利料理中不可或缺的一味香草。新鲜的叶片不仅可以直接撒在沙拉比萨意大利面上来提香，还可以打成糊，作为酱汁（热那亚酱）使用。

1.整理土壤、播种

天气变暖后再进行播种

播种前一周施堆肥（2~3kg/m²）和化肥（100g/m²），翻土混合均匀。培垄，垄宽45~50cm、高10cm。挖出较浅的种植沟，间隔1cm进行条播。也可以间隔30cm进行点播，在每个种植坑中播种5~6粒种子。气温比较低的时候，可以在花盆里播种，在温暖环境中育苗，等到长出5~6片真叶后再进行移栽。

施基肥，翻土，培垄。

挖出种植坑，进行条播。

埋好种子，浇足量的水。

气温比较低的时候，可以在花盆里播种育苗。

2.疏苗、追肥

疏苗，保持30cm间距

生长过程中要注意疏苗，以防枝叶混杂在一起。长出6~7片真叶时疏苗，一个坑中只留一株，保持30cm植株间距。疏苗后施化肥（30g/m²），轻轻培土。

❶发芽后根据长势进行疏苗，在长出6~7片真叶时使植株间距达到30cm。疏苗后进行追肥、培土。

❷❸之后每月进行1~2次追肥、培土。

3.收获（播种后过60~70天）

只摘取所需分量的叶片

植株长到20cm高以上即可收获，只摘取所需分量的叶片。留下的侧芽会生出新的茎叶，可以体会到长期收获的快乐。

植株长到20cm高以上就进入最佳收获期了。留下侧芽，只摘取所需分量的叶片。

病虫害防治

出现蚜虫、叶螨时，一经发现就立即捕杀。多食用罗勒的新鲜叶片，所以最好避免喷洒农药。发现叶螨也可以将水喷在叶片上进行驱除。

薄荷

拥有极具特色的清凉、清爽香味的香草

遇到这样的情况怎么办？

· 长势太猛导致植株倒伏→定期进行修剪。

· 长势太猛不好管理→栽在花盆里，连着花盆一起移栽。

是否适合连作：不适合（需要间隔1~2年）。

花盆栽培要点：在深15cm以上的花盆里装入培养土，条播，盖薄土，浇足量的水。发芽前保持土壤湿润。根据长势疏苗直至植株间距达到20cm。长出很多真叶后，摘取前端柔软、香味浓的叶片进行收获。在6~7月生长期时，水分容易蒸发导致生命力变弱，要适当进行修剪。另外，地下茎也会长得非常茂密，如果在较小的花盆里种植，要在纠缠在一起前进行分株。

主要营养素：香味成分。

● ···播种   ▲ ···栽苗   ■ ···收获

栽培日历		3	4	5	6	7	8	9	10	11	12	1	2
作业	寒冷地带												
	中间地带												
	温暖地带												

地下茎越长越茂盛

薄荷类的植物有各种种类，广泛分布于世界各地。每一种生命力都非常旺盛，不费事也能培育得很好，地下茎和种子不断生长让薄荷越长越茂盛。如果不想让薄荷长多，可以种植在直径20cm左右的花盆中，连着花盆一起栽种。

栽培可以从播种开始，也可以直接购买商品苗移栽。将茎插入装有水的杯子中等待长出根系，然后就可以作为小苗移栽了。

薄荷不挑土壤，在半背阴的潮湿环境下也能生长。只要留下侧芽，就能不断长出新的茎和叶，体会到长期收获的快乐。但是一旦开花香味会变弱，所以要尽早摘掉花穗。

苹果薄荷的小苗   科隆薄荷的小苗   日本薄荷的小苗

1.整理土壤、移栽
注意保持土壤湿润

移栽最好在5月中旬~7月上旬进行（只要避开寒冷期都可以）。栽种前1周，拉绳确定垄的宽度为45cm，在中央挖一条沟施堆肥（2~3kg/m²）和化肥（100g/m²），填土埋好。培垄，垄高10cm。间隔30cm栽苗，浇足量的水。

如果从播种开始种植，采用条播的方式，浇足量的水。发芽后，根据长势进行疏苗。最后使植株间距达到30cm。

确定垄的宽度为45cm，在中央挖沟。

填埋好基肥。

栽苗，最后使植株间距达到30cm。

2.收获（栽苗后过30~40天）
摘取柔软的嫩叶

长出很多真叶后，摘取柔软的嫩叶进行收获。一开花叶就会变硬，所以发现花穗要及时摘除。地下茎长势太猛时，要在纠缠在一起前进行分株。

摘取茎前端柔软的嫩叶进行收获。

病虫害防治

不太常见病虫害。不过持续干燥时可能会生叶螨。

苹果薄荷

菠萝薄荷

猫薄荷

薰衣草

具有放松精神的效果，香味和美丽的花形都极具魅力

遇到这样的情况怎么办？

· 梅雨期枯萎→只留下最下方的4~5片叶子，修剪其他枝叶。

· 严冬期枯萎→选择耐寒品种培育。

是否适合连作：不适合（需要间隔2~3年）。

花盆栽培要点：在直径20cm以上的花盆里装入培养土，栽苗。用手轻轻压实土壤，浇足量的水。薰衣草不喜多湿环境，栽苗后要控制浇水的量。在初春和收获后进行追肥，施10g化肥在植株根部。收获期在栽苗后次年的6~7月，将即将开花的花穗和茎叶一起直接剪断收获，放在通风背阴处风干保存。

主要营养素：香味成分（放松精神、改善睡眠等）。

推荐食用方法：做成干花或香包使用，以享受香味。

收获期的花穗

开花后的样子

●……播种　▲……栽苗　■……收获

栽培日历		3	4	5	6	7	8	9	10	11	12	1	2
作业	寒冷地带		▲		■			▲					
	中间地带	▲		■				▲					
	温暖地带	▲		■				▲					

收获即将开花的花穗

薰衣草原产于地中海沿岸，喜好凉爽的气候和略干燥的土壤，不喜高温多湿环境。

家庭菜园中一般都是购买商品苗移栽。栽种前两周在田里播撒石灰（150g/m²），前一周施堆肥（2~3kg/m²）和薰衣草用的化肥（100g/m²）（氮含量低的），认真翻土混合均匀。培垄，垄宽45cm、高10cm，间隔30cm挖出种植坑，栽苗，浇足量的水。盖上冷布直到小苗扎根，越冬期间看到土干再浇水即可。

收获期在栽苗后的次年。6~7月，将即将开花的花穗和花茎（这时的精油成分含量最高，香味最浓）一起剪断收获。收获后在植株周围施用量为30g/m²的化肥，培土，初春时节按同样的比例进行追肥和培土。

高温多湿的梅雨期容易枯萎。花期结束后只留下最下方的4~5片叶子，修剪其他枝叶，以改善通风条件。

唇形科　　　　　　　　　　难度★☆☆☆☆

柠檬香蜂草

与柠檬含有相同的香味成分，适合用来制作香草茶

遇到这样的情况怎么办？

· 叶子变黄①→做好追肥和浇水工作。

· 叶子变黄②→夏天要做好遮阳工作。

是否适合连作： 不适合（需要间隔1~2年栽种）。

花盆栽培要点： 在标准大小的花盆里装入培养土，在土面戳出一些小坑，点播4~5粒种子。盖上一层薄土后浇透水，之后要注意保持土壤湿润。发芽后在生长过程中注意疏苗，最后只留1株。真叶增多后，就可以摘取香味宜人的嫩叶了。生长期内，长势过猛可能会导致叶片太软、太弱、不健康，需要进行适度地修剪。此外，柠檬香蜂草可以长至很大，如果使用的是小花盆，就需要在爆盆前及时进行分株。

主要营养素： 香味成分。

推荐食用方法： 采摘新鲜叶片制作香草茶。

小苗

收获的样子

●…播种　▲…栽苗　■…收获

栽培日历		3	4	5	6	7	8	9	10	11	12	1	2
作业	寒冷地带		●			■							
	中间地带		●			■							
	温暖地带		●		■								

柠檬香蜂草可以长至很大

　　柠檬香蜂草原产于欧洲南部地区。其含有和柠檬相同的成分柠檬醛，直接用新鲜叶片泡水做出的柠檬香蜂草茶，香味清爽宜人。

　　栽培可以从播种开始，但家庭菜园推荐直接购买商品苗移栽，这样更为简单、方便。栽种前两周在田里播撒石灰（150g/m²），前一周施堆肥（2~3kg/m²）和化肥（100g/m²），翻土混合均匀。培垄，垄宽45cm、高10cm，间隔30cm挖出种植坑栽苗，浇足量的水。

　　如果从播种开始种植，就在花盆里播种育苗，从花盆底部能看到根系时就可以进行移栽了。无论采用哪种栽培方式，都要注意保持土壤湿润。

　　移栽后每月追肥两次，施化肥（30g/m²），或者每月施一次液肥。另外，夏季时注意要在傍晚浇水。柠檬香蜂草生命力很旺盛，可以长得很大。

　　收获香味浓的嫩叶，采摘所需分量即可。

直立型

花盆栽培的样子

蔓生型

迷迭香

香味很浓，
传说中有"返老还童"效果

遇到这样的情况怎么办？

· 长势差→改善土壤的排水性，播撒石灰。

· 花盆种植的情况下→雨季要搬到屋檐下。

是否适合连作：不适合（需要间隔2~3年）。

花盆栽培要点：在直径20cm以上的较大花盆中装入有机物含量较多的、排水性好的培养土，栽苗，浇足量的水。土壤过湿的话会引起腐根，导致长势变差，所以要控制浇水的量。梅雨期和雨季期淋雨容易导致枯萎，要注意搬到屋檐下防雨。每两周进行一次追肥，施10g化肥。迷迭香是常绿灌木，一年四季都可以收获。剪掉嫩茎嫩叶进行收获。

主要营养素：香味成分。

推荐食用方法：在鱼、肉料理中用于去腥。

●…播种　▲…栽苗　■…收获

栽培日历		3	4	5	6	7	8	9	10	11	12	1	2
作业	寒冷地带		●	▲									
	中间地带	●	▲				栽种后过一个月全年皆可收获						
	温暖地带	●	▲										

在略干燥的环境下栽培

迷迭香原产于地中海沿岸的干燥地带，具有类似松叶的强烈刺激性的香味，传说有"返老还童"的效果，自古以来就应用于化妆水和入浴剂等。料理中也常使用，和鱼、肉、土豆都很搭。

迷迭香不喜过湿的环境，如果太在意长势频繁浇水，反而会导致其长势变差，所以一定要注意不要过量浇水。除了刚栽苗的时候，以及持续干燥了一段时间和盛夏时期以外，都可以不浇水。如果在花盆里栽培，就在土干后浇透即可。

迷迭香喜好光照和通风条件好、有机物多的生长环境。另外，相对来说比较耐寒，如果在日本关东地区以南的地方栽种，即使在严冬时节也不需要搬到屋里。

有在地面攀爬的蔓生品种和垂直生长的直立型品种，直立型品种可以长至1m高左右。

迷迭香的花

1.整理土壤、栽苗

培垄，垄高5~10cm

从播种开始栽种也可以，但直接购买商品苗移栽会更简单、方便。栽种前两周在田里播撒石灰（100g/m²），前一周拉绳确定垄的宽度为60cm，在垄中央挖沟，施堆肥（2~3kg/m²）和化肥（100g/m²），填土埋好。培垄，垄高5~10cm，间隔50~60cm挖种植坑栽苗。栽苗后浇足量的水。

❶确定垄宽，在垄中央挖沟，填埋基肥。
❷间隔50~60cm栽苗。
❸浇足量的水。

迷迭香的小苗。

2.追肥、剪枝、收获

正式收获要在栽种后的第二年

开花前割掉三分之二的植株进行收获。侧芽生长，长势会很旺盛，长大后剪断前端10~15cm新芽进行收获。如果每次用量较少，就在栽种一个月后开始收获。

病虫害比较少。

一月一次，施用量为30g/m²的化肥，培土。

剪断前端10~15cm新芽进行收获。

常用术语说明

下面是一些按字母顺序整理出来的有关栽培蔬菜的术语，了解一下会更方便。标有"*"的是本书中没有出现过的术语。

F1品种

参考一代杂交种。

pH

氢离子浓度指数，可以表示酸碱性强弱。范围为0~14，7.0表示中性，数值越小酸性越强，数值越大碱性越强。

侧芽

从顶端以外的节生出的芽。多从叶片根部上侧萌出。侧芽长大后就成为侧枝。

侧枝

参考侧芽。

成活

栽苗后蔬菜扎根成长。

迟霜*

初春时降下的霜。果菜类菜苗会因为栽苗后降的霜而枯死。也被称为晚霜。

赤玉土

将火山灰按照颗粒大小筛选出的土壤，从小颗粒到大颗粒应有尽有。排水性、保水性、透气性都很好的酸性土壤。与播种用土及花盆栽培用土等土壤混合使用。

抽薹

花茎长长开花。如生菜中有一种叫作晚抽的品种，就源于其抽薹较晚的性质。

初霜

第一场霜。东京近郊一般是在11月下旬左右第一次降霜，初霜是栽培时的重要时间节点。

除草

去除杂草等。

春种

春季播种，夏季前至秋季收获的栽培方法。有时也代表春季播种。

雌雄同花

一朵花上既有雄蕊也有雌蕊。

雌雄异花

雄花和雌花分散开在一株植物上。常见于瓜科蔬菜。

单性结实*

无须授粉，也能结果。黄瓜等植物有这种性质。

氮肥

氮元素是肥料三要素之一，可以促进茎叶、根的生长，让叶片的颜色变得更好。

地膜

为了提高地面温度、防止水分蒸发等，在垄上盖上塑料膜等材料的栽培方法。也可以起到除草的效果。

点播

按照一定的间隔挖出种植坑，在坑中播种数粒种子的方法。主要用于豆类、白萝卜等植物。

短日植物

日照短的情况下开花的植物。

断肥

肥料不足。

堆肥

家畜粪便等发酵而成的肥料。作为有机肥料和土壤改良剂使用。

多年生草本

开花结果后不会枯萎，可以生长数年的植物。

翻心土

将坚硬的耕盘下方的土壤（心土）翻到田地的表层土（作土层）上。在连续栽培后已现疲态的耕地上进行。

分蘖

禾本科的蔬菜等临近根部的茎节处出现分枝的现象或指分出枝的茎。

分球

指薤白等植物的球根（鳞茎）的增殖。人为将球根分开时也叫"分球"。

分枝

侧芽生长出的枝。

分株

将植株分离，分别培育使之增殖。目的是让过密的植株重获生机。

腐叶土

阔叶树的落叶发酵而成。主要作为土壤改良材料。

附着剂

让溶解于水中的药剂更容易附着在植物和害虫上的药剂。如葱等表面覆盖有蜡质的植物，药剂难以附着，就可以喷洒混合有附着剂的药剂，提升效果。

覆盖栽培

铺设不织布将蔬菜全部盖起来的栽培方法，目的是防寒、防风、防虫。

覆土

播种后给种子盖上土的作业，或指盖上的那层土。

感谢肥

收获后给疲累的植株施的肥料。可以让植株恢复长势，再生。

根菜

肥大化的地下部分可食用的蔬菜，如薯类、胡萝卜等。

根球

在花盆或其他容器中栽培的小苗连带土块的根部。

更新剪枝

修剪老枝，让新枝生长的剪枝方法。修剪结过果的疲累枝条可以使植株恢复长势。

光发芽种子

生菜等发芽时必须要有光照的种子。

光合作用

植物以水、二氧化碳为原料，利用光能合成有机物。

果菜

番茄、黄瓜等果实或嫩果可食用的蔬菜。包含茄科、瓜科、豆科等。

果梗

从茎上分出，前端结果，也就是俗话讲的"果把儿"。

寒肥

12月~次年2月的寒冷时节施的肥料。成分会逐渐分解，初春起效。

花柄

从叶根或茎上分离出来的花根部分，也叫作花梗。

花茎

为开花而长出的茎（参考抽薹）。

花蕾

花苞。西蓝花、花菜等蔬菜可食用的就是花蕾部分。

化肥

通过化学方法合成，包含氮、磷、钾等中的一种或多种元素的肥料。由于非常方便，现代农业中广泛应用化肥。不同商品的成分含量不同。

缓效性肥料

成分慢慢起效的肥料。特性是不容易引起烧根。

混作*

在同一块田地里同时栽培两种以上的蔬菜。常见禾本科、豆科混作。

基肥

开始栽培前在田里施的肥。通常是施堆肥和化肥。

激素处理

在开花期的花上喷洒激素让植物单性结果。

忌地*

收获过一次的田地，如果连续种植同一种蔬菜，会出现不发芽、枯萎等现象。每种蔬菜的具体情况不同，一般来说要间隔1~5年栽培（参考连作危害）。

钾

钾元素。与氮、磷共同被称为"化肥三要素"。

嫁接苗

嫁接到砧木上的小苗。一般会使用耐病、耐低温的植物作为砧木。

剪定

对混杂在一起的枝叶进行修剪，以改善通风和光照条件或调整侧芽和植株间距。

节

叶和芽的根部。节与节的间隔叫作节间。

结果

结果实和种子。

结球

叶片卷曲合拢成球状，如卷心菜、白菜、生菜等。

空洞

根菜类等蔬菜的根部出现空洞。

苦土石灰

配有镁元素的石灰。碱度为55%。混在土壤中可以中和土壤中的酸，还可以补充钙和镁。

块根

根肥大化，富含淀粉等物质。蔬菜中的红薯、雪莲果等都属于块根。

块茎

地下茎前端肥大化，富含淀粉等物质。蔬菜中的土豆、姜等都属于块茎。

冷布

用于遮光、防寒、防虫、防风等的网状布。网眼的大小会影响遮光率。一般是塑料制的平织布，颜色多样，有黑、白、灰、银等，根据使用目的进行挑选。

连作危害

在同一块土地上连续栽培同一种类（科）的蔬菜引起的生长危害。

列间距

蔬菜列与列的间距。

磷

肥料营养元素的一种，有促进开花和结果的效果。

鳞茎

以茎为中心，肥大化的叶片重叠成球形或椭圆形形成的球根。常见于洋葱、胡萝卜等作物。

留一株苗

疏苗，只留一株长势好的植株。

垄

认真翻土，堆出10~20cm高的土堆，用来播种、栽苗的地方。

垄宽

垄左右两端的间距。

鹿沼土

日本栃木县鹿沼地区产出的火山灰土。多孔、保水性和透气性都很好的酸性土壤。混合花盆栽培用土等使用。

露天栽培*

在户外进行栽培，不设冷布、大棚等遮挡物的自然栽培方法。

轮作

每年更换种植场所的栽培方法。目的是防止连作带来的病虫害和土地养分不足。在收获过一次的田地中，下次应更换另一种类（科）的蔬菜进行栽培。

马鞍垄

圆形的垄。一垄种一株作物。

母蔓、子蔓、孙蔓

从子叶的生长点长出的主枝叫母蔓，母蔓上长出的侧枝叫子蔓，子蔓上长出的侧枝叫孙蔓。

耐病性

得病概率较小的性质。

耐寒性

对低温的耐受性质。

耐热性

对高温的耐受性质。

暖罩

用塑料膜等材料做成的罩子。在栽苗后等时间点罩在苗上以达到保温、防风、防虫的目的。

胚轴

发芽后的子叶和根之间的部分。芽菜类的胚轴和子叶都是重要的可食用部分。

品种改良

杂交培育出新品种。目的是培育具有病害抵抗力强、收获量大、味道好等优质特性的品种。

匍匐枝

从母株生出的长有子株的茎。茎的前端生有子株，接触到地面就会生根继续生长下去。常见于草莓等作物。

铺稻草

在垄上和植株周围铺设稻草，防止田地土壤干燥。另外，还可以防止因雨水滴落溅起的泥带来疾病，对防止杂草和害虫也有效果。

浅栽

一种栽培方法。将菜苗浅浅地埋在土壤中，只要根系不露出地面即可。适用于排水性较差的种植环境。相对地，将茎的一部分埋入土中的种植方法叫作深栽。

秋种

秋季播种，冬季~次年春季收获的栽培方法。

人工授粉

用雄蕊在雌蕊的柱头上轻轻摩擦，人工为植物授粉。

软白

培土或堆土在植株上，使植株照射不到阳光，从而使茎、叶变软。也叫作软化。常用于葱、芹菜等作物。

撒播

在整块田里撒满种子的播种方法。

烧根

肥料成分太多引起的生长障碍。也叫烧肥。

石灰

用来调整土壤酸碱度的物质。按照内含的碱性物质的不同，可以分为消石灰和苦土石灰等。另外，还可以给土壤补充钙。

石茄子

没有光泽，质地很硬的茄子的不良果实。由于低温、光照、水分不足等问题结出的无籽果实。应对方法为在低温期刚开出前一两朵花时马上喷洒激素。生长一段时间，茎叶混杂在一起后认真进行修剪，保障光照充足。

疏苗

发芽后将混杂在一起的苗株拔掉一些，保持一定间隔。

速效性肥料

施肥后见效快的肥料。

隧道式栽培

搭拱形支架，盖冷布、塑料布等，在拱形隧道内栽培的方法。此法可以防寒、防雨、防虫等。

条播

在垄上挖出一条笔直的种植沟，在沟中播种的方法。

条间距

一个垄上播两列以上的种子或栽两列以上的苗时，列与列的间距。

完熟堆肥

原料中的有机物完全分解后，没有恶心气味、完全发酵的堆肥。

晚生种

比一般品种晚收获的品种。也叫晚生。相对地也有早生种。

晚霜

春季至夏初降下的霜。也叫迟霜。

一代杂交种

也称为一代杂种、F1品种等。将基因不同的个体杂交培育出的第一代杂交种，具有生命力强、一致性高的特性。

无病毒

没有感染病毒，或者不带病毒的状态，如可以说无病毒苗。

盐类积聚*

肥料成分因雨水等流失的分量较少，导致肥料中的无机盐类积聚。会导致根系受伤，影响植物生长。常发生在淋不到雨的温室大棚中。

叶柄

叶身根部的柄状部分。

叶鞘

叶身和节之间的看起来像茎卷起来的荚状的部分。常见于禾本科蔬菜。

叶身

叶片伸展的绿色的部分。

液肥

液体肥料。具有速效性，用作追肥。通常是用水稀释到指定浓度后使用。

一号花

植株上开出的第一朵花。如果是成串开放的花房型植物，如番茄，就称为第一花房。

一年生草本

从发芽开花到枯萎都在一年内完成的植物。有很多多年生草本植物在日本的气候条件下也会被当作一年生草本植物栽培，很多蔬菜都属于这种情况。

移栽

如从花盆移栽到田地里，将菜苗从播种的地方移栽到另一个地方进行培育。

引蔓

将枝、蔓用绳子系在支架等工具上，引导茎、蔓向正确的方向生长。

营养生长

只长叶和茎（营养器官）。另外，会长花芽、子房（生殖器官）以及会结种的情况叫作生殖生长。

营养生殖植物

不通过播种，而通过嫁接、扦插等方法繁殖（也叫作营养繁殖）的植物。通过播种种植常出现子代与母代性质不同的情况，营养生殖植物则可以完全保持母代的性质。

油渣

油菜籽、大豆等植物榨油后留下的残渣。一种有机肥料，氮含量很高。

有机肥

堆肥、油渣、鱼粉、骨粉、鸡粪等有机肥。见效慢。

育种

改良种子的遗传性质，培育出抗病性强、收获量高、味道好的品种等。

杂交

为改良品种，将基因不同的植物交配。

栽苗

将菜苗栽到准备将来进行收获的地方。

栽种伤

栽苗等作业中植物受伤，影响生长或导致枯萎。

早生种

比普通品种更早收获的品种。也叫作早生。相对地也有晚生种。

摘果

摘掉果房内成熟或不好的果实，调整果实的数量。

摘蕾*

摘掉西蓝花等植物的花蕾，这样做可以促进侧枝上花蕾的生长。

摘心

摘掉茎、枝前端的芽的作业。目的是让侧芽生长，调整植株的高度。

摘芽

为了促进主枝生长，将不需要的芽摘除的作业。

长日植物

日照长的情况下开花的植物。

长势

叶和茎的生长态势。

砧木

嫁接时作为台架的植物。

整枝

摘心、摘芽、摘果等整理作业。

直接播种

直接在田地里播种的方法。常见于白萝卜等直根类蔬菜（垂直向地里长的蔬菜）和栽培周期较短的蔬菜（从播种到收获只需30~40天）。

直立性

茎或蔓向上生长的性质。相对地有蔓生性。

植株间距

植株与植株的间距。

只长蔓

只长蔓，不开花、不结果。可能是施氮肥太多或土壤的排水性太差、光照不足等导致的。

蛭石

将云母状的蛭石在1000℃下烧制而成的产物。保水性、保肥性优秀，混合在花盆用土等中使用。

株型

叶和茎的生长方向、枝条的分叉方向等，不同种类的蔬菜都具有自己特色的形态。

主枝

支撑植株的中心枝（茎）。

柱头

雌蕊前端部分，接受花粉的地方。

子叶

种子植物胚的组成部分之一。禾本科、百合科等单子叶植物有一片子叶，双子叶植物有两片子叶，也叫作双子叶。